建筑工人（安装）技能培训教程

电气设备安装调试工

本书编委会　编

中国建筑工业出版社

图书在版编目（CIP）数据

电气设备安装调试工/《电气设备安装调试工》编委
会编. —北京：中国建筑工业出版社，2017.9
建筑工人（安装）技能培训教程
ISBN 978-7-112-21069-5

Ⅰ.①电… Ⅱ.①电… Ⅲ.①电气设备-建筑安
装-技术培训-教材 Ⅳ.①TU85

中国版本图书馆 CIP 数据核字（2017）第 189050 号

　　本书包括：架空外线，电缆敷设，电气配管和配线，配电柜、箱（盘）安装，
母线安装，变压器、高压开关和断路器安装，柴油发电机和不间断电源安装与调
试，照明装置安装与通电试运行，电动机及控制设备安装与调试，防爆电器、起
重电器安装，电梯电气装置安装与调试，建筑弱电系统安装与调试，热工仪表安
装与校验调试，防雷和接地装置安装等内容。
　　本书可供电气设备安装调试工现场查阅或上岗培训使用，也可作为现场编制
施工组织设计和施工技术交底的蓝本，为工程设计及生产技术管理人员提供帮助，
也可以作为大专院校相关专业师生的参考读物。

　　责任编辑：张　磊
　　责任校对：王　烨　张　颖

建筑工人（安装）技能培训教程
电气设备安装调试工
本书编委会　编

*

中国建筑工业出版社出版、发行（北京海淀三里河路9号）
各地新华书店、建筑书店经销
霸州市顺浩图文科技发展有限公司制版
北京市安泰印刷厂印刷

*

开本：850×1168毫米　1/32　印张：9⅜　字数：252千字
2017年11月第一版　　2017年11月第一次印刷
定价：**23.00**元
ISBN 978-7-112-21069-5
（30688）

本书编委会

主编：于忠伟　　林庆均　　王景文

编委：姜学成　　齐兆武　　王　彬　　王继红　　王立春

　　　　王景怀　　周丽丽　　祝海龙　　张会宾　　祝教纯

前　　言

随着社会的发展、科技的进步、人员构成的变化、产业结构的调整以及社会分工的细化，工程建设新技术、新工艺、新材料、新设备，不断应用于实际工程中，我国先后对建筑材料、建筑结构设计、建筑施工技术、建筑施工质量验收等标准进行了全面的修订，并陆续颁布实施。

在改革开放的新阶段，国家倡导"城镇化"的进程方兴未艾，大批的新生力量不断加入工程建设领域。目前，我国建筑业从业人员多达 4100 万，其中有素质、有技能的操作人员比例很低，为了全面提高技术工人的职业能力，完善自身知识结构，熟练掌握新技能，适应新形势、解决新问题，2016 年 10 月 1 日实施的行业标准《建筑工程安装职业技能标准》JGJ/T 306－2016 对电气设备安装调试工的职业技能提出了新的目标、新的要求。

熟悉和掌握电气设备安装调试工的基本操作技能，成为从业人员上岗培训或自主学习的迫切需求。活跃在施工现场一线的技术工人，有干劲、有热情、缺知识、缺技能，其专业素质、岗位技能水平的高低，直接影响工程项目的质量、工期、成本、安全等各个环节，为了使电气设备安装调试工能在短时间内学到并掌握所需的岗位技能，我们组织编写了本书。

限于学识和实践经验，加之时间仓促，书中如有疏漏、不妥之处，恳请读者批评指正。

目　　录

1 架空外线 ··· 1

　1.1 电杆组立及绝缘子安装 ··· 1

　　1.1.1 钢筋混凝土电杆组焊 ······································· 1

　　1.1.2 横担组装 ··· 2

　　1.1.3 螺栓连接 ··· 3

　　1.1.4 绝缘子安装 ··· 3

　　1.1.5 立杆 ··· 4

　　1.1.6 回填土 ··· 4

　1.2 拉线制作与安装 ··· 4

　　1.2.1 拉线组合制作 ··· 4

　　1.2.2 拉线安装 ··· 7

　　1.2.3 拉线盘安装 ··· 8

　1.3 导线架设 ··· 8

　　1.3.1 导线的展放 ··· 8

　　1.3.2 导线的连接 ··· 9

　　1.3.3 导线的架设 ··· 11

2 电缆敷设 ··· 17

　2.1 电缆桥架内电缆敷设 ··· 17

　　2.1.1 电缆检查 ··· 17

　　2.1.2 电缆敷设 ··· 17

　　2.1.3 电缆挂标志牌 ··· 19

　2.2 电缆沟和电气竖井内电缆敷设 ··································· 20

　　2.2.1 电缆沟电缆敷设 ··· 20

　　2.2.2 电缆竖井内电缆敷设 ······································· 26

　2.3 电缆穿导管与直埋电缆敷设 ····································· 30

    2.3.1 电缆穿导管敷设 ……………………………… 30
    2.3.2 直埋电缆敷设 …………………………………… 32
  2.4 电缆头制作 …………………………………………… 34
    2.4.1 交联聚乙烯电力电缆终端头制作 ……………… 34
    2.4.2 交联聚乙烯绝缘电缆热缩接头制作 …………… 38
    2.4.3 0.6/1kV 干包式塑料电缆终端头制作与安装 … 41
  2.5 电缆试验与检查 ……………………………………… 44
    2.5.1 电缆绝缘电阻测量 ……………………………… 44
    2.5.2 电缆直流耐压试验和直流泄漏试验 …………… 44
    2.5.3 电缆相位检查 …………………………………… 45
    2.5.4 试运行 …………………………………………… 46

3 电气配管和配线 …………………………………………… 47
  3.1 镀锌钢导管敷设 ……………………………………… 47
    3.1.1 导管预加工与连接 ……………………………… 47
    3.1.2 钢导管暗敷设 …………………………………… 50
    3.1.3 钢导管明敷设 …………………………………… 54
    3.1.4 吊顶内、护墙板内管路敷设 …………………… 56
  3.2 非镀锌钢导管敷设 …………………………………… 57
    3.2.1 套接紧定式钢导管敷设 ………………………… 57
    3.2.2 套接扣压式钢管敷设 …………………………… 62
  3.3 可弯曲金属导管及金属软管敷设 …………………… 69
    3.3.1 管路连接 ………………………………………… 69
  · 3.3.2 管路接地 ………………………………………… 70
  3.4 绝缘导管敷设 ………………………………………… 70
    3.4.1 硬塑料管的连接 ………………………………… 71
    3.4.2 硬质阻燃塑料管（PVC）明敷设 ……………… 73
    3.4.3 硬质阻燃塑料管（PVC）暗敷设 ……………… 76
    3.4.4 现浇顶板内 PVC 管敷设 ……………………… 78
    3.4.5 砌体内 PVC 管敷设 …………………………… 79
    3.4.6 预制楼板内 PVC 管敷设 ……………………… 80

   3.5　管内穿线、导线连接······················ 81
　　3.5.1　管内穿线 ······························· 81
　　3.5.2　导线连接 ······························· 83
   3.6　金属及非金属线槽敷设、敷线 ··········· 88
　　3.6.1　金属线槽敷设、敷线 ················· 88
　　3.6.2　塑料线槽敷设、敷线 ················· 90
   3.7　钢索配线 ································ 91
　　3.7.1　钢索安装 ····························· 91
　　3.7.2　钢索吊管配线 ························· 94
   3.8　线路检查绝缘摇测 ····················· 96
　　3.8.1　线路检查 ····························· 96
　　3.8.2　绝缘摇测 ····························· 96
4　配电柜、箱（盘）安装················· 98
   4.1　成套配电柜安装 ······················· 98
　　4.1.1　配电柜安装 ··························· 98
　　4.1.2　试验、调整与送电 ··················· 105
   4.2　动力、照明配电箱（盘）安装 ··········· 110
　　4.2.1　动力、照明配电箱（盘）安装 ········· 110
　　4.2.2　测试与试运行 ························· 114
5　母线安装 ································· 115
   5.1　硬母线加工、连接与安装 ··············· 115
　　5.1.1　母线调直、切断与冷弯 ··············· 115
　　5.1.2　硬母线搭接 ························· 116
　　5.1.3　硬母线连接 ························· 118
　　5.1.4　硬母线安装 ························· 119
　　5.1.5　检查送电 ··························· 121
   5.2　封闭插接式母线的安装、调整与试验 ····· 123
　　5.2.1　金属封闭母线 ······················· 123
　　5.2.2　插接母线安装与试运行 ··············· 126
　　5.2.3　封闭插接式照明母线敷设 ············· 130

6 变压器、高压开关和断路器安装 ……………………… 133

6.1 变压器安装 ……………………………………… 133

6.1.1 器身检查与干燥 …………………………… 133

6.1.2 变压器二次搬运、就位与连线 …………… 137

6.1.3 交接试验、试运行与验收 ………………… 139

6.2 高压开关、断路器安装与调试 ………………… 142

6.2.1 隔离开关、负荷开关及高压熔断器 ……… 142

6.2.2 真空断路器 ………………………………… 147

7 柴油发电机和不间断电源安装与调试 ……………… 150

7.1 柴油发电机组安装与调试 ……………………… 150

7.1.1 机组接线 …………………………………… 150

7.1.2 机组交接试验与试运行 …………………… 150

7.2 不间断电源（UPS）安装与调试 ……………… 153

7.2.1 UPS 安装与接线 …………………………… 153

7.2.2 UPS 检查、测试与试运行 ………………… 155

8 照明装置安装与通电试运行 ………………………… 158

8.1 普通灯具安装 …………………………………… 158

8.1.1 灯具固定与组装 …………………………… 158

8.1.2 常用灯具安装与接线 ……………………… 159

8.2 专用灯具安装 …………………………………… 164

8.2.1 行灯变压器和行灯安装 …………………… 164

8.2.2 应急灯和疏散指示灯 ……………………… 165

8.2.3 手术台无影灯的安装 ……………………… 166

8.2.4 水下灯及防水灯具的安装 ………………… 167

8.3 建筑物景观照明灯安装与调试 ………………… 168

8.3.1 霓虹灯安装与调试 ………………………… 168

8.3.2 建筑物彩灯安装与调试 …………………… 171

8.3.3 太阳能灯具安装 …………………………… 175

8.4 开关、插座、风扇安装 ………………………… 176

8.4.1 开关安装 …………………………………… 176

　　8.4.2　插座安装 ··· 177

　　8.4.3　风扇安装 ··· 179

　8.5　通电试运行 ·· 180

　　8.5.1　分回路试通电 ·· 180

　　8.5.2　系统通电连续试运行 ································· 180

　　8.5.3　自动控制试验 ·· 181

　　8.5.4　三相负荷平衡 ·· 181

　　8.5.5　运行中的故障预防 ···································· 181

9　电动机及控制设备安装与调试 ······················· 182

　9.1　电动机安装 ·· 182

　　9.1.1　安装准备 ··· 182

　　9.1.2　电动机的安装及干燥 ································· 183

　　9.1.3　电机抽芯检查与试运行 ······························ 185

　9.2　电动机控制设备安装 ···································· 187

　　9.2.1　控制、启动和保护设备安装 ······················· 187

　　9.2.2　低压接触器及电动机启动器 ······················· 188

　　9.2.3　控制器、继电器及行程开关安装 ·················· 190

　9.3　电动机及附属设备的调试、试运行 ·············· 192

　　9.3.1　电机调试 ··· 192

　　9.3.2　系统调试 ··· 193

　　9.3.3　试运行前的检查内容 ································· 194

　　9.3.4　试运行 ··· 194

　9.4　交、直流电动机现场交接试验标准 ············· 195

10　防爆电器、起重电器安装 ··························· 199

　10.1　防爆电器安装 ·· 199

　　10.1.1　爆炸危险环境内的钢管配线 ······················· 199

　　10.1.2　防爆灯具安装 ··· 201

　　10.1.3　防爆电气设备的安装接线 ·························· 202

　　10.1.4　爆炸危险场所接地装置的安装 ·················· 204

　10.2　起重电器安装 ·· 204

　　10.2.1　起重电器装置滑接线安装 ·············· 204

　　10.2.2　滑接器的安装 ·············· 207

　　10.2.3　起重机上电缆敷设 ·············· 207

　　10.2.4　电阻器、行程限位开关、撞杆、夹轨器的安装 ······ 208

　　10.2.5　配电箱、控制电器的安装 ·············· 209

　　10.2.6　电气设备和线路的绝缘电阻和交流耐压试验 ······· 209

11　电梯电气装置安装与调试 ·············· 211

　11.1　电梯电气装置安装 ·············· 211

　　11.1.1　安装控制柜 ·············· 211

　　11.1.2　配管、配线槽 ·············· 212

　　11.1.3　挂随行电缆 ·············· 214

　　11.1.4　安装极限开关 ·············· 215

　　11.1.5　安装中间接线盒、随缆架 ·············· 215

　　11.1.6　安装缓速开关、限位开关及其碰铁 ·············· 217

　　11.1.7　安装感应开关和感应板 ·············· 217

　　11.1.8　安装指示灯、按钮、操纵盘 ·············· 218

　　11.1.9　导线的敷设及其连接 ·············· 219

　　11.1.10　安装井道照明 ·············· 220

　11.2　电梯调试 ·············· 221

　　11.2.1　电气检查 ·············· 221

　　11.2.2　电气动作试验 ·············· 222

　　11.2.3　整机运行调试 ·············· 222

12　建筑弱电系统安装与调试 ·············· 226

　12.1　建筑弱电系统布线 ·············· 226

　　12.1.1　管路安装 ·············· 226

　　12.1.2　线缆敷设 ·············· 228

　　12.1.3　信息插座安装 ·············· 232

　　12.1.4　缆线终接 ·············· 233

　12.2　火灾报警与自动灭火系统安装与调试 ·············· 235

　　12.2.1　火灾和可燃气体探测系统 ·············· 235

12.2.2 火灾报警控制系统 ·················· 237

12.2.3 消防联动系统 ······················ 239

12.3 安全防范技术系统安装与调试·············· 243

12.3.1 设备安装 ·························· 243

12.3.2 系统调试 ·························· 248

13 热工仪表安装与校验调试·················· 254

13.1 一次阀门及仪表安装 ···················· 254

13.1.1 一次阀门安装 ···················· 254

13.1.2 介质测温元件安装 ················ 255

13.1.3 取压装置安装 ···················· 256

13.1.4 节流装置安装 ···················· 257

13.1.5 水层平衡容器安装 ················ 259

13.1.6 压力和差压指示仪表及变送器安装 260

13.2 敷设仪表线路 ·························· 261

13.2.1 电线、电缆的敷设及固定 ·········· 261

13.2.2 电线、电缆接线 ·················· 263

13.3 热工测量仪表的校验调试·················· 264

13.3.1 校验前的检查 ···················· 264

13.3.2 仪表的调试 ······················ 265

13.3.3 仪表管路及线路调试 ·············· 266

14 防雷和接地装置安装······················ 268

14.1 接地装置安装························· 268

14.1.1 人工接地体制作 ·················· 268

14.1.2 人工接地装置安装 ················ 270

14.1.3 自然接地体安装 ·················· 270

14.1.4 后期处理 ························ 274

14.2 避雷引下线和变配电室接地干线敷设·········· 274

14.2.1 避雷引下线安装 ·················· 274

14.2.2 接地干线安装 ···················· 278

14.3 接闪器安装····························· 280

14.3.1　独立避雷针制作安装 ································ 280

14.3.2　建（构）筑物避雷针制作安装 ··············· 282

14.3.3　避雷带安装 ································ 284

参考文献·· 288

1 架 空 外 线

1.1 电杆组立及绝缘子安装

1.1.1 钢筋混凝土电杆组焊

对于分段由钢圈连接的钢筋混凝土电杆，组焊要点如下。

（1）应由经过焊接专业培训并经考试合格的焊工操作，焊完后的电杆经自检合格后，在规定位打上焊工的代号钢印。

（2）钢圈焊口上的油脂、铁锈、泥垢等物应清除干净。

（3）钢圈对齐找正，中间留 2~5mm 的焊口缝隙。其错口不应大于 2mm（指钢圈错口）。

（4）焊口对位符合要求后，先沿四周均匀点焊 3~4 处，然后对称交叉施焊。点焊所用焊条应与正式焊接用的焊条相同。

（5）钢圈厚度大于 6mm 时，应用 V 形坡口多层焊接，焊接中应特别注意焊缝接头和收口质量。多层焊缝的接头应错开，收口时应将熔池填满。焊缝中严禁堵塞焊条或其他金属。

（6）焊缝表面应以平滑的细鳞状熔融金属与基本金属平缓过渡，无褶皱、间断、漏焊及未焊满的凹槽，并不应有裂纹。基本金属的咬边深度不应大于 0.5mm，当钢材厚度超过 10mm 时，不应大于 0.1mm，仅允许有个别表面气孔。

（7）雨、雪、大风时应采取妥善防护措施后，方可施焊。施焊中杆内不应有穿堂风。当气温低于 0℃ 时，应采取预热措施，预热温度为 100~120℃，焊后应使温度缓慢下降。

（8）焊完后的电杆其分段弯曲度及整杆变曲度不得超过对应长度的 2/1000，超过时，应割断重新焊接。

（9）当采用气焊时，还应符合下列规定。

1）钢圈的宽度，一般不应小于 140mm。

2）尽量减少加热时间，并采取必要降温措施。焊接后，钢圈水泥粘接处附近的水泥产生宽度大于 0.05mm 纵向裂缝，应用环氧树脂补修膏涂刷。

3）电石产生的乙炔气体，应经过滤。

4）氧气纯度应在 98.5％以上。

（10）电杆的钢圈焊接头应按设计要求进行防腐处理。设计无规定时，可将钢圈表面铁锈和焊缝的焊渣与氧化层除净，先涂刷一层红丹漆，干燥后再涂刷一层防锈漆处理。

1.1.2 横担组装

（1）将电杆、金具等分散运到杆位，并对照图纸核查电杆、金具等的规格和质量情况。

（2）用支架垫起杆身的上部，量出横担安装位置，套上抱箍，穿好垫铁及横担，垫好平光垫圈、弹簧垫圈，用螺母紧固。紧固时，注意找平、找正。然后，安装连板、杆顶支座抱箍、拉线等。

（3）1kV 以下线路的导线排列方式可采用水平排列；最大档距不大于 50m 时，导线间的水平距离为 400mm，但靠近电杆的两导线间的水平距离不应小于 500mm。

10kV 及以下线路的导线排列方式及线间距离应符合设计要求。

（4）横担的安装：当线路为多层排列时，自上而下的顺序为：高压、动力、照明、路灯；当线路为水平排列时，上层横担距杆顶不宜小于 200mm；直线杆的单横担应装于受电侧，90°转角杆及终端杆应装于拉线侧。

（5）横担端部上下歪斜及左右扭斜均不应大于 20mm。双杆的横担，横担与电杆连接处的高差不应大于连接距离的 5/1000；左右端斜不应大于横担总长度的 1/100。

（6）螺栓的穿入方向一般为：水平顺线路方向，由送电侧穿入；垂直方向，由下向上穿入，开口销钉应从上向下穿。

（7）使用螺栓紧固时，均应装设垫圈、弹簧垫圈，且每端的垫圈不应多于2个；螺母紧固后，螺杆外露不应少于2扣，但最长不应大于30mm，双螺母可平扣。

1.1.3 螺栓连接

（1）螺杆应与构件面垂直，螺头平面与构件间不应有间隙。

（2）螺栓紧好后，螺杆丝扣露出的长度，单螺母不应少于两个螺距；双螺母可与螺母相平。

（3）当必须加垫圈时，每端垫圈不应超过2个。

（4）螺栓的穿入方向应符合下列要求：

1）对立体结构：水平方向由内向外；垂直方向由下向上。

2）对平面结构：顺线路方向，双面构件由内向外，单面构件由送电侧穿入或按统一方向；横线路方向，两侧由内向外，中间由左向右（面向受电侧）或按统一方向；垂直方向，由下向上。

1.1.4 绝缘子安装

（1）绝缘子不应有裂纹、碰破、掉边、掉瓷等现象。绝缘子安装应牢固，连接可靠，防止积水。

（2）安装时应清除表面灰垢、附着物及不应有的涂料。

（3）与电杆、导线金具连接处，无卡压现象。

（4）悬式绝缘子安装，尚应符合下列规定。

1）与电杆、导线金具连接处，无卡压现象。

2）耐张串上的弹簧销子、螺栓及穿钉应由上向下穿。当有特殊困难时可由内向外或由左向右穿入。

3）悬垂串上的弹簧销子、螺栓及穿钉应向受电侧穿入。两边线应由内向外，中线应由左向右穿入。

（5）绝缘子裙边与带电部位的间隙不应小于50mm。

（6）采用的闭口销或开口销不应有折断、裂纹等现象。当采用开口销时应对称开口，开口角度应为 30°～60°。

严禁用线材或其他材料代替闭口销、开口销。

（7）35kV 架空电力线路的瓷悬式绝缘子，安装前应采用不低于 5000V 的兆欧表逐个进行绝缘电阻测定。在干燥情况下，绝缘电阻值不得小于 500MΩ。

1.1.5 立杆

立电杆的方法很多，常用的有汽车起重机立杆、固定式人字抱杆立杆、倒落式人字抱杆立杆、架杆式立杆等方法。立杆前应检查所用工具。立杆过程要有专人指挥，随时注意检查立杆工具受力情况，遵守有关安全规定。

1.1.6 回填土

（1）凡埋入地下金属件（镀锌件除外）在回填土前均应做防腐处理，防腐必须符合设计要求。

（2）严禁采用冻土块及含有机物的杂土。

（3）回填时应将结块干土打碎后方可回填，回填应选用干土。

（4）回填土时每步（层）回填土 500mm，经夯实后再回填下一步（上一层），松软土应增加夯实遍数，以确保回填土的密实度。

（5）回填土夯实后应留有高出地坪 300mm 的防沉土台，在沥青路面或砌有水泥花砖的路面不留防沉土台。

（6）在地下水位高的地域如有水流冲刷埋设的电杆时，应在电杆周围埋设立桩并以石块砌成水围子。

1.2 拉线制作与安装

1.2.1 拉线组合制作

制作镀锌铁钱的拉线时，应先将成捆的铁线放开，用紧线器或人力配合绞磨拉伸调查铁线，使镀锌铁线拉紧和拉直（以便于束合），下料以后经过束合再进行制作。

拉线一般可分为上把、中把、底把三部分，拉线的上把和中把可用镀锌钢绞线或 $\phi 4.0$ 镀锌铁线制作，拉线的底把用镀锌圆钢制作。

1. 拉线上把的制作

拉线上把的两端和中把的上端应预先制作。木电杆拉线的制作这里不介绍。钢筋混凝土电杆由镀锌铁线制作的，拉线上把是采用拉线抱箍与电杆固定的。

拉线上把与花篮螺栓之间应使用心形环，束好的镀锌铁线应先做好口鼻再与心形环连接绑扎。在束合好的铁线端部适当的位置上，用绑线临时绑扎 3～4 回，扎紧后将绑线端头拧成小辫，绑扎三处，间隔 30～40mm，每处绑线小辫，应排成直线扳倒。

绑扎后用手拿起铁线线束，用一手虎口处握住中间的绑扎处，两手用力将线束握成 U 字，然后用脚踩住短线的一端，用一手握住 U 字形处，另一手握住长线端向上抬，使线束紧贴交叉成十字形，在交叉处用绑线将线束绑扎 4～5 回，握住线束的圆环处，仍踩住线束的短线端，将交叉的线束向反方向拉，使两线束在圆环形外并拢在一起，此环即为口鼻，口鼻形成后折去全部绑扎线，把口鼻处与心形环扣在一起（心形环需先套入到花篮螺栓的圆环，再开始进行拉线上把的缠卷）。

拉线上把的缠卷有自缠法和另缠法两种。缠绕前应先把心形环在电杆或木桩等处，用 $\phi 4.0$ 镀锌铁线交叉穿入心形环的环中进行绑扎固定，防止缠绕时口鼻带动心形环转动，影响操作。

拉线上把下端及中把上端制作：由镀锌铁线制作的拉线上把的下端及中把的上端是与拉紧绝缘子固定在一起的。拉线采用缠卷法制作时，用拉紧绝缘子两端做法，可同拉线上把缠卷的方法相同，所不同的是口鼻处的做法要相对大一些。

如果镀锌铁线拉线绝缘子两端，采用绑扎方法固定时，可采用 $\phi 3.2$ 镀锌铁线绑扎拉紧绝缘子的上端，先绑扎长度 200mm，再花缠 250mm 后，缠卷 200mm；拉紧绝缘子的下端先绑扎 200mm 长，再花缠 250mm，然后再缠卷 150mm。

2. 拉线底把及中把下端制作

拉线底把有合股镀锌铁线制作的，一般用在木电杆拉线中。钢筋混凝土电杆则使用不同规格的镀锌圆钢做的拉线棒，作为拉线的底把。拉线棒与拉线盘的拉环连接后，拉线棒的圆环开口处要用铁线缠绕。拉线棒与拉线盘采用螺栓连接时，应使用双螺母。

拉线中把的下端制作，需要在电杆起立后及底把埋设好以后收紧拉线时。收紧拉线前，先把心形环套在底把拉线棒的圆孔中，把线束由右向左插入到心形环中，在心形环上侧的适当位置处用绑线将线束缠绕 2～3 圈，防止收紧拉线时，线束松散。同时拽出线束尾端紧靠心形环中。

中间位置上的 1～2 股铁线，把端头弯折 90°，穿入紧线器转轮的圆孔中，用紧线器的夹头夹紧线束，在夹紧处应用铜钱或铁绑线缠绕几圈，以免损伤线束，然后用紧线器扳手将拉线收紧。拉线收紧后，应另采用不小于 ϕ3.2mm 的镀锌铁线绑扎固定，为了便于日后调整拉线，不宜采用自缠法绑扎。用铁线绑扎应在下端先紧密缠绕 150mm，再花缠 250mm，在上端再紧密缠绕 100mm，最后将绑扎线互绞 2 回形成小辫剪断余头，顺势扳倒贴到线束上。

对安装有花篮螺栓的拉线上把（或中把），应先在拉线棒制作时，套入花篮螺栓；在花篮螺栓的另一侧应装上心形环，在收紧拉线前，花篮螺栓两端的螺扣均拧进螺母内，但须保留较大的间隔，花篮螺栓的螺杆应露出不小于 1/2 螺杆长度的丝扣，以便进行调整。拉线调整以后，花篮螺栓应用 ϕ4mm 镀锌铁线封固。

低压架空线路拉线的底把，如果用拉线棒有困难时，可采用镀锌铁线代替，但必须大于上、中把拉线 2 股以上，而拉线下把镀锌铁线直径不应小于 4mm，根数不应小于 5 根。

1.2.2 拉线安装

1. UT形线夹及楔形线夹固定

（1）安装前丝扣上应涂润滑剂。

（2）线夹舌板与拉线接触应紧密，受力后无滑动现象，线夹凸肚在尾线侧，安装时不应损伤线股。

（3）拉线弯曲部分不应有明显松股，拉线断头处与拉线主线应固定可靠，线夹处露出的尾线长度为300～500mm，尾线回头后与本线应扎牢。

（4）当同一组拉线使用双线夹并采用连板时，其尾线端的方向应统一。

（5）UT形线夹或花篮螺栓的螺杆应露扣，并应有不小于1/2螺杆丝扣长度可供调紧，调整后，UT形线夹的双螺母应并紧，花篮螺栓应封固。

2. 拉线柱拉线的安装

（1）拉线柱的埋设深度，当设计无要求时，应符合下列规定。

1）采用坠线的，不应小于拉线柱长的1/6。

2）采用无坠线的，应按其受力情况确定。

（2）拉线柱应向张力反方向倾斜10°～20°。

（3）坠线与拉线柱夹角不应小于30°。

（4）坠线上端固定点的位置距拉线柱顶端的距离应为250mm。

（5）坠线采用镀锌铁线绑扎固定时，最小缠绕长度应符合规定。

3. 顶（撑）杆的安装

（1）顶杆底部埋深不宜小于0.5m，且设有防沉措施。

（2）与主杆之间夹角应满足设计要求，允许偏差为±5°。

（3）与主杆连接应紧密、牢固。

1.2.3 拉线盘安装

将已安装好底把的拉线盘滑入坑内，找正后，分层填土夯实。用拉线抱箍将拉线上端固定在电杆上。

（1）拉线盘的埋设深度最低不应低于1.3m，且应符合设计要求。

（2）拉线盘的埋设深度和方向，应符合设计要求。拉线棒与拉线盘应垂直，连接处应采用双螺母，其外露地面部分的长度应为500～700mm。

（3）拉线坑应有斜坡，回填土时应将土块打碎后夯实。拉线坑宜设防沉层。

（4）拉线盘找正方法：拉线盘安装后，将拉线棒方向对准杆坑中心的标杆或已立好的电杆，使拉线棒与拉线盘成垂直，如产生偏差应找正拉线盘垂直于拉线棒（或已立好的电杆），直到符合要求为止。拉线盘找正后，应按设计要求将拉线棒埋入规定角度槽内，填土夯实固定牢固。

1.3 导线架设

导线架设前，应调整横担，在电杆组立时将横担碰歪的或没安装的横担逐个按图补齐，调整角度，并保证横担横平竖直、牢固。导线架设后，导线对地及交叉跨越距离，应符合设计要求。

1.3.1 导线的展放

在导线施放前，应勘查沿线情况，消除放线道路上可能损伤导线的障碍物，或采取可靠的防护措施。对于跨越公路、铁路及一般通信线路和不能停电的电力线路，应在放线前搭好牢固的跨越架。跨越架的搭设，应能保证放线时导线与被跨越物之间的最小安全距离符合设计要求，跨越架的宽度应稍大于电杆横担的长度，防止掉线。

配电线路导线的线盘，送到施工现场以后，一般可放在各放线段的耐张杆处，便于集中利用机械牵引及导线接续。在线盘上安装时，在轴孔内穿入轴杠，然后将轴杠两端平稳地放在放线架上。放线架可用木制或铁制，若无放线架时，可在地上挖一个坑，坑的深度应比线盘半径稍大，宽度应能使线盘自由转动，将线盘用轴杠架在坑边的垫木上。

展放铝导线或钢芯铝绞线的挂滑轮，应使用铝滚轮滑轮，滑轮直径应不小于导线直径的 10 倍。

在展放导线的过程中，对已展放的导线应进行外观检查，导线不应发生磨伤、断股、扭曲、打钩、断头等现象。可根据导线的不同损伤情况进行修补处理。

1kV 以下电力线路采用绝缘导线架设时，展放中不应损伤导线的绝缘层和出现扭、弯等现象，对破口处应进行绝缘处理。

1.3.2　导线的连接

在架空线路导线展放的过程中，对于损伤范围超过规定和出现断头需要对接时，应在地面上先连接好，再架上杆。导线的连接质量的好坏，直接影响导线的机械强度和电气接触。导线的连接方法，由于导线材料和截面的不同而有所区别，但是不同金属、不同规格、不同绞制方向的导线严禁在档距内连接。

1. 导线与接续管钳压接

导线与接续管钳压接是利用接续管将两根导线连接起来，即将导线穿入接续管内加压，借着管与线股间的握着力，使两根导线牢靠地连接起来。在运行中管与导线共同承受拉力，各种导线采用钳压法，按出厂说明进行，设计有要求的按设计要求，钳压法目前有局部压接或整体压接，采用的方法由设计定。

导线与接续管连接前应清除导线表面和连接管内壁的污垢，清除长度应为连接部分的 2 倍。连接部位的铝质接触面，应涂一层电力复合脂，用细钢丝刷清除表面氧化膜，保留电力复合脂，进行压接。导线与接续管采用钳压连接，应符合下列规定：

（1）接续管型号与导线的规格应配套。

（2）钳压后导线端头露出长度，不应小于 20mm，导线端头绑线应保留。

（3）压接后的接续管弯曲度不应大于管长的 2%，有明显弯曲时应校直。

（4）压接后或校直后的接续管不应有裂纹。

（5）压接后接续管两端附近的导线不应有灯笼、抽筋等现象。

（6）压接后接续管两端出口处、合缝处及外露部分，应涂刷电力复合脂。

（7）压后尺寸的允许误差，铝绞线钳接管为±1.0mm；钢芯铝绞线钳接管为±0.5mm。

2. 导线与接续管液压

导线与接续管液压法，应按图 1-1～图 1-3 所示的各种接续管的液压部位及操作顺序压接。

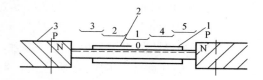

图 1-1　钢芯铝绞线钢芯对接式钢管的施压顺序
1—钢芯；2—钢管；3—铝线

图 1-2　钢芯铝绞线钢芯对接式铝管的施压顺序
1—钢芯；2—已压钢管；3—铝线；4—铝管

3. 导线缠绕法连接

（1）10kV 及以下架空电力线路的导线，当采用缠绕方法连

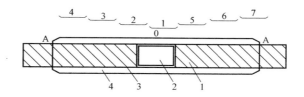

图 1-3　钢芯铝绞线钢芯搭接式铝管的施压顺序
1—钢芯；2—已压钢管；3—铝线；4—铝管

接时，连接部分的线股应缠绕良好，不应有断股、松股等缺陷。

（2）10kV 及以下架空电力线路的引流线（跨接线或弓子线）之间、引流线与主干线之间的连接应符合下列规定。

1）不同金属导线的连接应有可靠的过渡金具。

2）相同金属导线，当采用绑扎连接时，绑扎长度应符合表 1-1 的规定。

绑扎长度值　　　　　　　　　　　　　　表 1-1

导线截面（mm²）	绑扎长度（mm）
35 及以下	＞150
50	≥200
70	≥250

3）绑扎连接应接触紧密、均匀、无硬弯，引流线应呈均匀弧度。

4）当不同截面导线连接时，其绑扎长度应以小截面导线为准。

（3）绑扎用的绑线，应选用与导线同金属的单股线，其直径不应小于 2.0mm。

1.3.3　导线的架设

1. 紧线

紧线的工作一般应与弧垂测量和导线固定同时进行。在展放导线时，导线的展放长度应比档距长度略有增加，平地时一般可增加 2％；山地可增加 3％。在一个耐张段内，导线紧好后再剪断导线，避免造成浪费。紧线的顺序应从上层横担开始，依次至下层横担，先紧中间导线，后紧两边导线。导线或避雷线紧好后，线上不应有树枝等杂物。单线法适用于导线截面较小，耐张段距离不大的场所。如果导线型号大、档距大、电杆又多的，就需要滑轮组使用绞磨或汽车绞盘等采用双线法和三线法紧线。

（1）单线法紧线

可使用前面钳式紧线器。紧线器紧线时，是先把 4.0mm 镀锌铁线一端插入到转轮孔内，把另一端用背扣绑在横担上。紧线器夹头夹在预先缠了包带的导线上，保护导线不被夹伤，紧线器的夹头应尽可能远离横担，以增加导线的收放幅度。扳动紧线器扳手，导线就逐渐收紧了，紧好后可取下扳手，把导线绑扎在绝缘子上。工作完毕后，再将紧线器取下。

一般采用钳式紧线器进行紧线，方法如下：

1）紧线前在紧线段耐张杆受力对侧除有正式拉线外，应装设临时拉线。一般可用钢丝绳或具有足够强度的钢线，拴在横担的两端，以防紧线时横担发生偏扭。待紧完导线并固定好以后，才可拆除临时拉线。

2）紧线前应有专人检查导线，是否有未清除的绑线及其他附着物，有无尚未处理的缺陷，如有时应立即处理。

3）将导线固定在紧线段固定端耐张杆的悬式绝缘子上或蝴蝶形绝缘子上。

4）在耐张段操作端，直接或通过滑轮组来牵引导线，使导线紧起后，再用钳式紧线器（紧线器固定在横担上）夹住导线。夹握导线之前，应在导线上垫以麻布等物，保护导线不被夹伤。

5）弛度观测人员与紧线人员密切配合，通过紧线器来松紧导线，使导线弛度达到要求为止。

6）弛度调好后，把导线固定在悬式绝缘子上或蝴蝶形绝缘子上。

（2）双线法和三线法紧线

双线法是把两根架空导线同时一次操作紧线，三线法是一次同时收紧三根导线。利用双线或三线法紧线时通常使用三角紧线器，采用三角紧线器紧线时，仅需推动后面拉环向前方，到中夹部分即可张开，夹入导线后，拉紧拉环和钢绳。它是利用杠杆作用使线夹部分越拉越紧，在使用过程中，装卸均比较灵活方便。对于钢绞线，除使用三角紧线器外，GJ-35 及以下钢缆通常使用蛙式紧线器，比较轻便。其使用方法，与三角紧线器基本相同，拉紧以后夹线部分可咬紧钢绞线，依靠咬紧部分线槽中齿形纹路增加握裹力而夹紧。

2. 导线弛度观测

观测导线的弛度，通常与紧线工作配合进行。观测的目的，是使安装后的导线，能达到最合理的弛度。10kV 及以下架空电力线路的导线紧好后，弧垂的误差不应超过设计弧垂的±5%。同档内各相导线弧垂宜一致，水平排列的导线弧垂相差不应大于 50mm。

（1）在耐张段内选出弛度观测档，耐张段内有 1～6 档时，可选择中部一档观测弛度；7～15 档时，应选择两档来观测弛度，并尽量选在稍靠近耐张段两端；15 档以上时，应选择三档观测弛度，即在耐张段两端及中间各选一档来观测弛度。

（2）导线的弛度应由设计给出的弛度安装曲线表查得，也就是根据耐张段的规律档距长度和当时的温度，在安装曲线表中查得相应的弛度值。

（3）测量环境温度时，温度计应悬挂在空中，并背向阳光，以使温度计测出的数值为空气的真正温度。

（4）一般施工中常用平行四边形法观测导线弛度，从给定的弛度表或曲线表中查得弛度值，然后观测弛度档两侧直线杆上的导线悬挂点，垂直向下量至与弛度相等的距离处，各绑上一块弛度板（即水平的板尺），由观测人员在杆上，从一侧弛度板瞄准对侧弛度板，调整导线，使导线正好切于瞄准直线上，即停止调整。此时的弛度，即为所要求的弛度，如图 1-4 所示。

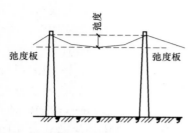

图 1-4　平行四边形法观测导线弛度

3. 导线固定绑扎

架空线路导线通常在绝缘子上进行固定，导线的固定应牢固、可靠，由于绝缘子的种类和导线的材料不同，固定方法及固定位置也不相同。对于直线转角杆：对针式绝缘子，导线应固定在转角外侧的槽内；对瓷横担绝缘子导线应固定在第一裙内。对于直线跨越杆：导线应双固定，导线本体不应在固定处出现角度。

裸铝导线在绝缘子或线夹上固定应缠绕铝包带，缠绕长度应超出接触部分 30mm。铝包带的缠绕方向应与外层线股的绞制方向一致。

（1）导线在蝴蝶形绝缘子上绑扎固定

铝导线在蝴蝶形绝缘子上做终端绑扎，此法也适用于铜导线，但铜导线不需要包缠铝包带。

导线在蝶形绝缘子（一般是装在耐张杆、终端杆上等）上的绑扎法，如图 1-5 所示。

（2）导线在针式绝缘子上绑扎固定

导线在针式绝缘子上的绑扎法，在直电杆上为顶绑法，在45°以内转角杆上为颈绑法（俗称绑脖）。铝导线线外应包缠铝包带，然后用双绑法绑扎固定导线。

转角杆针式绝缘子，导线应固定在转角绝缘子外侧的槽内；对瓷横担绝缘子应固定在第一裙内。直线跨越杆导线应双固定，导线本体不应在固定处出现角度。

导线在针式绝缘子上的绑扎法，可分为顶扎法（在直线杆上）和颈扎法（在转角杆上或绝缘子顶部无槽时，在直杆上）两种。颈扎法应将导线放在和张力方向相反的绝缘子槽内，如图 1-6 和图 1-7 所示；铝导线应在绝缘子部分绕缠 $10mm \times 1mm$ 的铝包带且两侧应宽出不小于 50mm，如图 1-8 所示。

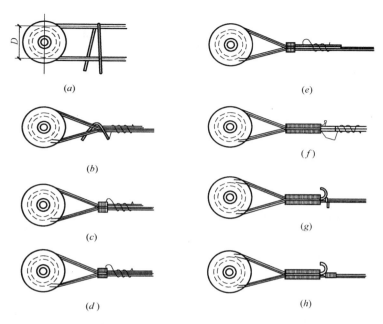

图 1-5　铜导线在蝶形绝缘子上的绑扎法

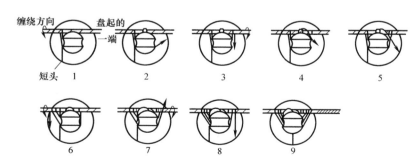

图 1-6　针式绝缘子颈扎法操作程式图

（3）导线用耐张夹的固定

架空线路导线在耐张杆和终端杆悬式绝缘子上常采用耐张线夹固定。

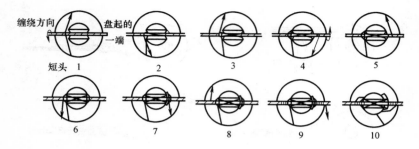

图 1-7　针式绝缘子顶扎法操作程式图

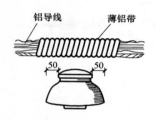

图 1-8　裸铝导线在针式绝缘子上包扎铝带示意

导线使用耐张线夹固定时，为了保护导线不被线夹磨损，耐张线夹内导线应包缠铝包带，包缠时应从一端开始绕向另一端，方向须与导线方向一致，包缠长度需露出线夹两端10～20mm。

导线包扎好后，卸下耐张线夹的全部 U 形螺栓，将导线放入槽内，然后装上全部压板及 U 形螺栓，并拧紧螺母，在拧紧过程中应注意线夹的压板不得偏歪和卡碰，并使其受力均衡。导线与耐张线夹固定好以后，悬式绝缘子应垂直地平面。特殊情况下，其在顺路方向与垂直位置的倾斜角，不应超过5°。

2 电 缆 敷 设

2.1 电缆桥架内电缆敷设

2.1.1 电缆检查

电缆及其附件到达现场后，应按下列要求及时进行检查：

（1）产品的技术文件应齐全。

（2）电缆型号、规格、长度应符合订货要求，附件应齐全；电缆外观不应受损。

（3）电缆封端应严密。当外观检查有怀疑时，应进行受潮判断或试验。

（4）充油电缆的压力油箱、油管、阀门和压力表应符合要求且完好无损。

2.1.2 电缆敷设

（1）电缆敷设前应按设计和实际路径计算出每根电缆的长度，尽量减少电缆接头、合理使用每盘电缆。在放电缆一根电缆不够时，需有中间接头，应避开道路交叉处，建筑物的大门口，各种管道交叉处，在有多条电缆并列敷设时，电缆接头的位置必须错开，并不得少于 2m，以保安全或以后检修。在建筑物中有变形缝处敷设的电缆应留有余量。

（2）室内电缆桥架敷设的电缆不应有黄麻或其他易燃材料外护层，否则在室内部分的电缆应剥除麻护层，并对铠装加以防腐处理。在有腐蚀或特别潮湿的场所宜选用塑料护套电缆。电缆敷设严禁有绞拧、铠装压扁、护层断裂和表面严重划伤等缺陷。

（3）电缆敷设前应清扫桥架，检查桥架有无毛刺等可能划伤电缆的缺陷，并予以处理。

（4）人工拉引时，采用人力敷设电缆，应根据路径的长短，组织劳力，沿电缆敷设处走动，并以人力和滚轮相结合的方法拉引。人工拉引应注意人力分布要均匀合理，负荷适当，统一指挥，电缆施放中，电缆盘两侧须有负责转盘与刹盘滚动的专业人员，为避免电缆受拖拉损伤，电缆一定要放在滚轮上，拉引的速度应均匀适当。

（5）机械牵引时，主要牵引由机械来提供，大多由卷扬机组成。目前有专用电缆牵引机；也可采用人工绞磨牵引；为保护电缆应装有测量拉力的装置，防止电缆不受拉力过大而损伤；当牵引机械拉到设置的电缆抗拉能力，可自行脱落，有条件的应装有测量敷设长度的测量装置；机械牵引，应配合各种型式的滚轮，防止牵引时与地面摩擦而损坏。

（6）桥架内电缆水平敷设：应将电缆安排列图敷设，单层摆放，排列整齐，不得交叉，拐弯处应以最大截面电缆弯曲半径为准。不同等级电压的电缆应分层敷设，高压电缆应敷设在最上层。同等电压的电缆沿桥架敷设时，电缆水平净距不得小于35mm。首层两端，转弯处两侧及每隔5~10m应固定一次。

（7）桥架电缆垂直敷设：一般宜自上而下敷设，在土建没拆吊车前，用吊车将电缆吊至楼层顶部；敷设前选好位置，架好电缆盘，电缆向下弯曲部位应用滑轮支撑电缆，在电缆轴和盘处以及楼层处应设制动和防滑措施；自下而上敷设时，低层小截面电缆可用滑轮和大绳人力牵引敷设，高层大截面电缆应用机械牵引敷设，敷设应按排列图进行，以免交叉，排列应整齐，间距应均匀，大于45°倾斜的电缆每隔2m处设固定点；垂直敷设于桥架内的电缆，每敷设一根应固定一根，全塑电缆每1m应固定一次，其他电缆固定点为1.5m，控制电缆固定点应为1m。

（8）电缆穿过防火墙及防火楼板时，应尽量水平或垂直敷设，应先垫上一层60mm的泡沫石棉毡或矿棉，放一层电缆，再放一层 60mm 的泡沫石棉毡或矿棉，再放一层电缆，依次放置；电缆敷设完成后，用泡沫石棉毡或矿棉把洞堵严，有些小洞可用电缆防火堵料堵塞。墙洞两侧应用不小于 1.5mm 厚的钢板将泡沫石棉毡或矿棉保护起来。在防火墙两侧 1m 以内厚度达到 0.5~1mm，对铠装油浸纸绝缘电缆，先包一层玻璃丝布，再涂防火涂料厚度 0.5~1mm 或直接涂 1~1.5mm 防火涂料，做法如图 2-1 所示。也可用膨胀型防火材料，按产品技术要求封堵。

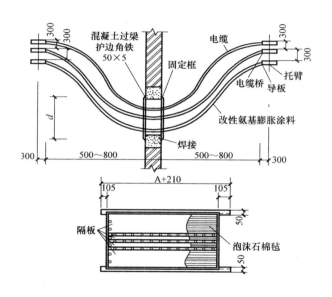

图 2-1　防火隔离段安装图

2.1.3　电缆挂标志牌

　　桥架内电缆应在首端、尾端、转弯及每隔 50m 处设有编号、型号及起止点等标记。标志牌规格应一致、清晰齐全、挂装整齐并有防腐性能，挂装应牢固；标志牌应标明电缆编号、规格、型号、电压等级、电缆起始终点位置；电缆的两端、拐弯处、交叉处应挂标志牌，直线段每 30m 应挂一次电缆标志牌。

2.2 电缆沟和电气竖井内电缆敷设

适用于一般工业与民用建筑内 10kV 及以下塑料控制电缆、矿物绝缘电力电缆、交联聚乙烯绝缘电力电缆及聚氯乙烯绝缘电力电缆敷设。

2.2.1 电缆沟电缆敷设

1. 电缆支架制作

电缆支架应根据设计要求制作支架，支架做好后应经热浸镀锌，如热浸镀锌确无条件时，应除锈干净，刷二遍防锈漆，再进行安装。

电缆支架加工制作时，钢材应平直，无明显扭曲。下料误差应在 5mm 范围内，切口应无卷边、毛刺。电缆支架的长度，在电缆沟内不宜大于 0.35m。电缆支架应焊接牢固，无明显变形。

金属电缆支架所有铁件必须进行防腐处理，室外构配件应采用镀锌制品，若无电镀条件，宜采用涂磷化底漆一道，过氯乙烯两道。但用于湿热、盐雾以及有化学腐蚀地区，应根据设计做特殊的防腐处理。

2. 电缆支架安装

安装支架前应定位放线，保证支架整齐美观，横平竖直，如土建施工时已预埋铁件可采用焊接，焊接应牢固，焊缝应均匀，无夹渣、结瘤、气孔等缺陷；焊缝处应清理干净焊渣，补刷两遍防锈漆。如无铁件可选用膨胀螺栓进行固定，必须保证牢固，平整整齐。电缆支架安装方式由工程设计决定，并应与土建密切配合安装。电缆支架在电缆沟内的安装方法有下列几种，可根据不同安装方式进行安装。

（1）与土建配合施工用 M12×125mm 地脚螺栓固定支架，如图 2-2（a）所示。

（2）电缆沟为 C15 及以上混凝土或钢筋混凝土结构上安装电缆架，可使用 M10×100mm 沉头胀管螺栓固定，安装胀管螺塞前，先使用电锤钻孔，孔洞的大小应与套管粗细相同，孔深略长，孔洞应扫干净，然后放入沉头胀管螺栓与支架固定，在敷设电缆前应再紧固一次，如图2-2（b）所示。

（3）当使用预埋件或预制混凝土砌块，与土建工程配合施工，预埋（或砌筑），用以焊接固定支架，如图2-2（c）所示。

（4）采用M8×85mm的射钉螺栓，用射钉枪射入混凝土或砖墙内固定电缆支架。

（5）当电缆沟或隧道的上部有护边角钢时，电缆支架的上部应与沟的护边角焊接，支架的下部与沟壁上的预埋扁钢焊接，如图2-2（d）所示。

（6）电缆支架安装完成后，应按设计要求进行接地，所有金属支架和穿墙套管必须连成一个电气通路。

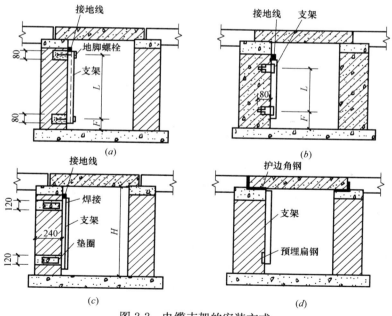

图 2-2　电缆支架的安装方式

（a）地脚螺栓固定支架；（b）沉头胀管螺栓固定；

（c）预埋件焊接固定支架；（d）预埋扁钢焊接固定支架

3. 电缆敷设

电缆敷设前应进行电缆绝缘摇测或耐压试验，1kV 以下电缆用 1kV 摇表摇测线间及对地的绝缘电阻应不低于 10MΩ；6～10kV 电缆应做耐压试验或泄漏电流试验应符合现行国家标准《电气装置安装工程 电气设备交接试验标准》GB 50150 的规定。

电缆在沟内支架上敷设，支架要经预制、防腐和安装，且还要焊接接地（PE）或接零（PEN）线，同时对有碍安装或安装后不便清理的建筑垃圾进行清除，具备这样的条件，才能敷设固定电缆，否则不能施工。

（1）在同一条电缆沟内敷设很多电缆时，为了做到电缆按顺序分层配置，施放电缆前，应充分熟悉图纸，弄清每根电缆的型号、规格编号、走向以及在电缆支架上的位置和大约长度等。防止交叉，浪费人力物力。

（2）电缆敷设时，不应损伤电缆沟、电缆井和人井的防水层。电力电缆在转弯处，终端头与接头附近或伸缩缝处应留有适当的备用长度，以便补偿电缆本身和其所依附的结构处因温度变化而产生的变形，或以后检修接头之用。

（3）电缆沟内电缆敷设可以在沟旁的地面上或沟内上层支架上摆放滚轮，牵引电缆时，不应使电缆在地面上或支架上摩擦拖拉。电缆敷设严禁有绞拧、铠装压扁、护层断裂和表面严重划伤等缺陷。塑料绝缘电缆应有可靠的防潮封端。

（4）电缆敷设时，先将电缆盘稳妥地架设在放线架上。架设电缆线盘，将电缆线盘按线盘上的箭头方向滚至预定地点，再将钢轴穿于线盘轴孔中，钢轴的强度和长度应与电缆线盘重量和宽度相结合，使线盘能活动自如。钢轴穿好后用千斤顶将线盘顶起架设在放线架上。电缆线盘的高度离开地面应为 50～100mm，能自由转动，并使钢轴保持平衡，防止线盘在转动时向一端移动，放电缆时，电缆端头应从线盘的上端放出。逐渐松开，用人工或机械向前牵引。

（5）采用人力敷设电缆，首先要根据路径的长短，组织劳动力由人扛着电缆沿电缆沟走动敷设，也可以站在沟中不走动用手抬着电缆传递敷设。敷设路径较长时，应将电缆放在滚轮上，用人力拉电缆，引导电缆向前移动。

（6）机械化敷设电缆，牵引动力由牵引机械提供，牵引机械主要由卷扬机组成。为保护电缆应装有测量拉力的装置，有的牵引机械当拉力达到预定极限时，可自行脱扣，有的还装有测量敷设长度的测量装置。使用机械牵引时，应首先在沟旁或沟内支架上每隔 2～2.5m 处放好滚轮，将电缆放在滚轮上，使电缆牵引时不与支架或地面摩擦。滚轮的品种繁多，常用的有：直线部位的滚轮；转角处的滚轮；即可用于直线部位又可用于各种方向的转角处。如采用机械牵引方法敷设电缆时，应防止电缆因承受拉力过大而损伤。

当敷设条件较好，电缆承受拉力较小时，可在电缆端部套一特制的钢丝网套拖放电缆。当电缆敷设承受拉力较大时，则应在末端封焊牵引头（俗称和尚头），使线芯和铅包同时承受拉力。做牵引头时，先将钢铠锯掉，将铅包剥成条状翻向钢铠末端，然后把线芯绝缘纸剥除，将拉杆插到线芯间用铜线绑牢，再把铅包翻回拍平，最后用封铅将拉杆、线芯、铅包封焊在一起，形成牵引头。机械敷设电缆时，应在牵引头或钢丝网套与牵引钢绳之间装设防捻器，防止电缆绞拧。机械牵引电缆要慢慢牵引，速度不宜超过 15m/min。

（7）电缆排列时，电力电缆和控制电缆不应敷设在同一层支架上，但 1kV 以下的电力电缆和控制电缆可并列敷设在同一层支架上。

电缆在支架上敷设时，高压应在上面，低压应在下面，控制电缆应在最下面；当两侧均有支架时，1kV 以下的电力电缆和控制电缆宜与 1kV 及以上的电力电缆分别敷设在不同侧的支架上。

高低压电力电缆、强电、弱电控制电缆应按顺序由上而下敷设，但在含有 35kV 以上高压电缆引入柜盘时，为满足电缆弯曲半径的要求，可由下而上敷设。

控制电缆在支架上敷设不宜超过一层。交流三芯电力电缆，在支架上也不宜超过一层。交流单芯电力电缆，应敷设在同侧支架上。也可以按紧贴的正三角形排列。

相同电压的电缆在电缆沟内并列敷设时，水平净距为35mm，且不应小于电缆的外径。电缆敷设时，在电缆终端头及中间接头和伸缩缝的附近及电缆转弯的地方，电缆都要适当留些余量，以便于补偿电缆本身和其所依附的结构件因温度变化而产生的变形，也便于将来检修接头。

（8）电缆固定，垂直电缆敷设或大于45°倾斜敷设的电缆在每个支架上均应固定。交流单芯电缆或分相后的每相电缆固定的夹具和支架，不应形成闭合铁磁回路。

（9）电缆与支架之间的固定可采用木夹板固定，如图2-3所示；用扁钢做卡子电缆与支架之间应用衬垫橡胶垫隔开，以保护电缆，如图2-4和图2-5所示。

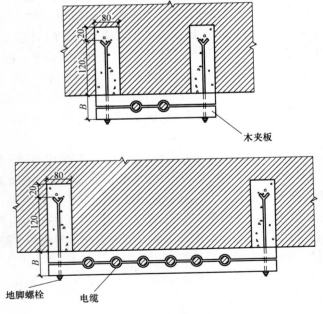

图 2-3　电缆在墙上用木夹板安装

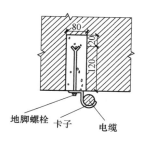
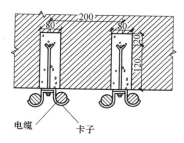

地脚螺栓　卡子　电缆　　　电缆　　卡子

图 2-4　电缆在墙上用卡子安装

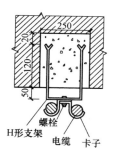
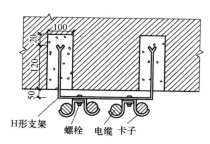

H形支架　螺栓　电缆　卡子　　　H形支架　螺栓　电缆　卡子

图 2-5　电缆在扁铁支架上安装

（10）电缆通过建筑物伸缩缝应有补偿装置，在伸缩缝处将电缆弯曲，在变形缝两侧随电缆敷设一并考虑支架的埋设，如图 2-6 所示。

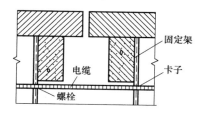
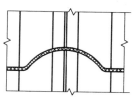

固定架　电缆　卡子　螺栓

图 2-6　电缆过变形缝处敷设

（11）电缆在超过45°倾斜敷设，应在每个支架上进行固定。水平敷设的电缆，在电缆的首末端及转弯、电缆接头的两端应加以固定。当对电缆的间距有要求时，应每隔5～10m处进行固定。电缆在支架上固定常用的方法，采用卡子或单边管卡子固定，也有用U形夹固定以及用Ⅱ形夹来固定。可以根据不同的需要选择。交流单芯电力电缆当按紧贴的正三角形排列时，应每隔1m用绑带绑扎。

交流系统的单芯电缆或分相后的分相电缆的固定夹具和支架不应构成铁磁回路。电缆在进入电缆沟、隧道、建筑物出入口应封闭，管口应密封。

电缆敷设经检查完毕后，应及时清除杂物，盖好盖板，必要时，尚应将盖板缝隙密封。对电缆沟内敷设的电缆也应做好隐蔽工程记录。

4. 挂标志牌

（1）每放完一根电缆，应随即把电缆的标志牌挂好。这样的敷设程序，有利于电缆在支架上合理布置与排列整齐，避免交叉和混乱现象。

（2）标志牌规格应一致，字迹应清晰不易脱落，可采用铅板或电缆铅皮平整后制成。用镀锌铁丝系在电缆上；也可采用塑料制品加工而成。

（3）标志牌上应注明线路编号。当无编号时，应写明电缆型号、规格及起止位置。并联使用的电缆应有顺序号。

（4）电缆标志牌应在电缆的首端、末端和电缆接头、拐弯处、交叉处的两端及人孔井内等地方装设。直线段每30～50m应挂标志牌。

2.2.2 电缆竖井内电缆敷设

电气竖井也称电气间，是配电间与弱电间的总称，适用于多层和高层建筑物内垂直线路的敷设和设备安装。竖井有砌筑式和组装结构竖井（钢筋混凝土结构或钢结构）。

电气竖井的数量和位置选择应保证系统的可靠性和减少电能损耗。应根据建筑物的规模、用电负荷性质、供电半径、建筑物的沉降缝和防火分区等因素确定。

1. 确定电缆桥架位置

（1）电缆桥架应敷设在安全、干燥、易操作的电气竖井内。

（2）按照图纸设计的位置，计算空间尺寸是否满足操作距离的要求，特别是竖井内桥架、配电箱数量较多，尺寸较大、管路较多时，经常出现排列困难，因此必须仔细核对尺寸，必要时与土建配合，进行相应的变更。

（3）竖井内楼板上预留的洞口位置是否合适，不合适应及时修整、剔凿，使上下楼层所对应的洞口通直、不错位。

2. 固定支架

（1）电缆竖井内敷设，当设计无要求时，电缆最上层至竖井顶部或楼板距离不小于 120～200mm；电缆支架最下端至地面的距离不小于 50～100mm。

（2）支架采用 50mm×50mm×5mm 的角钢，高度为距地面1500～2000mm。有两种固定方式：一种是用膨胀螺栓固定；一种是采用焊接。

（3）桥架下部固定采用 10 号槽钢，槽钢距墙边不小于50mm，座在楼板的预留洞口，与预埋在洞口的预埋件焊接固定或采用膨胀螺栓与楼板固定。在槽钢上固定两根 50mm×50mm×5mm 的角钢，用来直接与桥架连接固定。

（4）在楼板的下面有预埋件来固定防火隔板，上托防火枕。

（5）安装支架可采用门形支架或三角形支架安装。

（6）桥架支架全长均应有良好的接地。

3. 桥架安装

（1）桥架与支架之间固定采用螺栓。

（2）桥架与钢管之间连接采用锁母固定，并有跨接地线。

（3）当直线段钢制电缆桥架超过 30m，应有伸缩缝，其连接采用伸缩连接板。

（4）桥架敷设应平直整齐，垂直允许偏差为其长度的 2‰，且全长允许偏差为 20mm。

4. 桥架内电缆敷设

（1）在桥架就位后，即可敷设线缆。按照设计要求，将需要敷设在该桥架中的电缆按顺序摆放，排列应整齐，尽量避免交叉。敷设时要按适当的间距加以固定，并且及时装设标志牌。

（2）电缆可从顶楼放在线架上往下放设，较为省力，也可将电缆放在底层放线架上，用卷扬机提升上去。

（3）电缆牵引前，检查电缆通道是否畅通，确认电缆能通过孔洞。

（4）电缆进入竖井、盘柜以及穿入管子时，出入口应封闭，管口应密封。明敷在竖井内带有麻护层的电缆，应剥除麻护层，并对其铠装加以防腐。

（5）当敷设条件较好，电缆承受拉力较小时，可在电缆端部套一钢丝网套拖放电缆，如图 2-7 所示。当电缆敷设承受拉力较大时，则应在末端封焊牵引头（俗称和尚头），使线芯和铅包同时承受拉力，做牵引头时，先将钢铠锯掉，将铅色剥成条状翻向钢铠末端，然后把线芯绝缘纸剥除，将拉杆插到线芯间用铜线绑牢，再把铅包翻回拍平，最后用封铅将拉杆、线芯、铅色封焊在一起，形成牵引头。

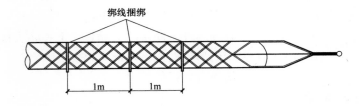

图 2-7　牵引绝缘线用钢丝网套

机械牵引电缆时，应在电缆牵引头或钢丝网套与牵引钢丝网之间装设防捻器（防扫牵引头）防止电缆绞拧，机械牵引电缆要慢慢牵引。

（6）电缆在终端头和接头处要留出备用长度。竖井内穿越楼层或防火区的电缆桥架处，电缆管道，按设计要求位置，应有防火隔断措施。

（7）电缆桥架引出管：金属管进桥架要做整体接地，如桥架是镀锌的，可直接压接，如桥架不是镀锌的，则要将其上的绝缘层清除后压接或用爪形螺丝压接，另一端压在金属管上的接地螺栓上。

5. 电缆沿墙明敷设

小截面电缆在竖井内，可以沿墙垂直敷设，此时可使用管卡子或单边卡子，用 $\phi6\times30$mm 塑料膨胀管把电缆直接固定在墙上，如图 2-8 所示。

电缆上端固定点距竖井顶部和电缆下端固定点距竖井地面的距离均不应小于 300mm。

电缆中间固定点间距：全塑型电力电缆间距不大于 1m，其他电力电缆间距不大于 1.5m，控制电缆中间间距不大于 1m。

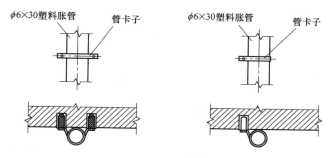

$\phi6\times30$塑料胀管　　管卡子　　　　$\phi6\times30$塑料胀管　　管卡子

图 2-8　塑料膨胀管在墙上固定电缆

6. 电缆沿支架明敷设

电缆在竖井内沿支架垂直敷设，所采用的扁钢固定支架长度应根据电缆直径和敷设根数的多少而确定。

在竖井内固定扁钢支架时，应先测量好上端和下端的支架位置，确定好固定点的位置，然后钻孔安装 M10$\times$80mm 膨胀螺栓，上端及下端支架距顶及地面高度不应小于 300mm。中间支架固定点的间距不应大于 1.5m，全塑电缆及控制电缆固定点间距不应大于 1m，且固定点间距应均匀。

电力电缆沿扁钢支架垂直敷设，电缆在支架上的固定，采用与电缆外径相配合的管卡子固定，单芯电缆应使用单边管卡子予以固定，电缆与电缆之间的间距不应小于 50mm。

7. 电缆明敷设在竖井内穿过楼板

应穿在保护管内保护（保护管应露出楼板上、下各为 100mm），并应以防火隔板、防火堵料等做好密封隔离，电缆保护管两端管口空隙处也应做密封隔离。电缆在穿过楼板处也可以配合土建施工在现浇混凝土楼板内预埋保护管，电缆敷设后，只需在保护管两端电缆周围和管口之间的缝隙处做密封隔离。

8. 装设标志牌与接地

电缆终端头，竖井的两端均应装设标志牌。标志牌上应注明线路编号，无编号时，写明电缆型号、规格及起止地点，字迹应清晰、不易脱落、规格要统一、能防腐，挂装应牢固。

为了保护人身安全和供电安全，电气竖井内应敷有接地干线和接地端子。竖井内电缆支架、电缆导管必须接地可靠。

经质检员自检后，做好隐蔽记录，确认符合要求签字认可后方可转入下道工序。

2.3 电缆穿导管与直埋电缆敷设

2.3.1 电缆穿导管敷设

电缆保护管种类很多，而建筑物室内多用钢管保护管和硬质塑料保护管，电缆保护管不应有穿孔、裂缝和显著的凹凸不平，内壁应光滑，金属保护管不应有严重腐蚀；电缆保护管的内径与电缆外径之比不得小于 1.5 倍。当电缆与城镇街道、公路与铁路交叉时，多采用石棉水泥管、混凝土管、陶土管等。

1. 保护管的弯曲

一根电缆保护管的弯曲处不应超过三个，直角弯不应超过两个。弯曲处不应有裂缝和显著的凹痕现象，管弯曲处的弯扁程度不宜大于管外径的 10%。

保护管的弯曲处弯曲半径不应小于所穿入电缆的最小允许弯曲半径。

2. 管路的连接

电缆保护管连接时，应采用大一级短管套接或采用丝扣连接。管连接处短套管或螺纹的管接头的长度，不宜小于电缆管外径的 2.2 倍，连接应牢固，密封应良好，两连接管管口应对齐。

硬质塑料电缆保护管，采用插接连接时，插入深度不应小于管内径的 1.1～1.8 倍，在插接面上应涂胶合剂粘牢密封，采用套管连接时，套管长度不应小于管内径的 1.5～3 倍，套管两端应涂胶合剂或封焊连接，保证连接处牢固密封。

3. 管子的防腐与接地

采用钢管用作电缆保护管时，应在内外表涂防腐漆；采用镀锌管时如有镀锌剥落处也应刷防腐漆，埋入混凝土内的管子，外壁可不涂防腐漆。

保护管其管接头两侧应用跨接接地线焊接，若管接头采用套管焊接时可以除外。

4. 电缆穿管敷设

电缆在穿管前，管道内应无积水，且无杂物堵塞。保护管应安装牢固，不应将电缆管直接焊接在支架上。

穿入管中的电缆数量应符合设计要求。交流单芯电缆不得单独穿入钢管内。保护管内穿电缆时，不应损伤电缆护层。

电缆穿入管子后，管口应密封，管口可用油麻封堵。

电缆进入建筑物内的保护管伸出建筑物散水坡的长度不应小于 100mm。

敷设电缆的电缆管，在穿越防火分区处应有防火阻隔措施。

5. 电缆挂标志牌

电缆敷设后应及时挂标志牌，电缆标志牌应在电缆的首端、末端和电缆接头、拐弯处的两端及人孔井内等地方装设。

标志牌上应注明线路编号。当无编号时，应写明电缆型号、规格及起止地点；并联使用的电缆应有顺序号。标志牌规格宜统一，字迹应清晰不易脱落。标志牌挂装应牢固。

2.3.2 直埋电缆敷设

1. 电缆敷设

电缆敷设方法可采用人工加滚轮敷设，当电缆较重且条件许可时，宜采用机械牵引，当电缆较短时，可采用人力拉引。

(1) 人工拉引电缆可采用绞磨牵引。机械牵引一般采用慢速卷扬机直接牵引，牵引速度一般为 $5\sim6\text{m/min}$。在牵引过程中应注意滑轮是否翻倒，张力是否适当，特别应注意电缆进出口或弯曲处，电缆的外形和外护层有无操作或压扁等不正常现象，弯曲处滚轮设置必须保持电缆的弯曲倍数，不损伤电缆。

电缆敷设利用牵引机压紧机构，调节上下排滚之间的开合距离，使其距离小于电缆外径。当敷设电缆时，启动牵引机带动上下排滚胶轮各自向相反的方向运动，只要把电缆头穿入上下胶轮之间，电缆将随着胶轮的传动沿着电缆敷设的方向往前运动。当电缆头穿出牵引机后，用人工将电缆放到滑轮上，由牵引机推向前进，实现电缆敷设的机械化。

(2) 电缆在沟内敷设应有适量的蛇形弯，电缆的两端、中间接头、电缆井内、垂直位差处应留有适当的余度。

(3) 直埋电缆的上下方需垫不小于 100mm 厚的软土或沙层，并盖上混凝土板或用砖做保护盖板，其盖板宽度应超过电缆两侧各 50mm，如图 2-9 所示。

(4) 在电缆两端、中间接头处，电缆井内、电缆穿管处，垂直位差处均应有适当余量，以方便以后维修。电缆裕量可作波浪状摆设，也可有意作 Ω 状敷设。

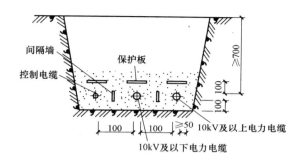

间隔墙　保护板

控制电缆

≥700

100 100 100

100　100　≥50　10kV及以上电力电缆

10kV及以下电力电缆

图 2-9　直埋电缆做法

（5）直埋电缆进出建筑物处，进入室内的电缆管口低于室外地面者，对其电缆管口按设计要求或相应标准做防水处理，电缆穿入管子后，管口应密封。

（6）当电缆敷设完毕，经检查无问题并经监理或建设单位确认后可回填，先回填 100mm 砂或软土，盖上混凝土或砖保护盖；混凝土保护盖，可采用 C15 混凝土制作厚度 35mm，保护盖板也可采用 C15 钢筋混凝土制作；在分层回填土每 200～300mm 夯实一次，填平填实，并做好隐蔽记录。

2. 铺砂盖板（砖）

隐蔽工程验收合格后，电缆上铺盖 100mm 厚的细砂和软土，然后用电缆盖板（砖）将电缆盖好，覆盖宽度应超过电缆两侧 50mm。

回填土回填前再做一次隐蔽工程检验，合格后及时进行回填土并分层夯实，覆土应高出地面 150～200mm，以备松土沉陷。

3. 装设标志牌和标志桩

直埋电缆在拐弯、交叉、接头、终端，进出建筑物等地设置明显标志桩或标示牌，注明线路编号、电压等级、电缆型号、截面、起止地点、线路长度等内容，以便维修或今后敷设管路及改造提供依据。

直线段上每隔 50～100m 处应设标志桩，标志桩一般露出地面为 150mm，标桩露出地面以上 150mm 为宜，以便于电缆检修时查找和防止外来机械损伤。

电缆标示桩做法，如图 2-10 所示，标示桩一般采用 C20 钢筋混凝土预制埋设。

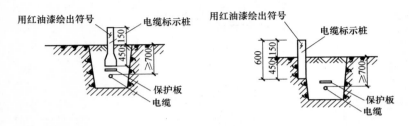

图 2-10　直埋电缆标示板

电缆沟标示牌应能防腐，标志牌一般采用镀锌铁皮制作，规格为 150mm×0.6mm，符号及文字最好用钢印压制。标志牌固定在标示桩上，在有建筑物的地方标示牌应尽量安装在壕沟附近建筑物外墙上，安装高度底边距地面 45mm。

电缆敷设完毕，经质检员自检后，做好隐蔽记录，及时请现场专业监理或建设单位现场代表进行核查、隐蔽验收，确认符合要求签字认可后方可转入下道工序。

2.4　电缆头制作

电缆头制作是电缆安装的关键工序，电缆终端和接头的品种繁多，特别是橡塑绝缘电缆及其附件发展较快，例如橡塑绝缘电缆常用的终端和接头形式有自粘带绕包型、热缩型、预制型、冷收缩型、模塑型、弹性树脂浇注型等。

2.4.1　交联聚乙烯电力电缆终端头制作

适用于 10（6）kV 交联聚乙烯电力电缆户内、外干包式电缆终端头制作与安装。

1. 电缆头附件点件检查

开箱检查实物是否配套且符合装箱单数量，外观有无异常现象，按操作顺序摆放在大瓷盘中。

2. 剥去电缆护层及铠装层

将电缆封口打开，检查电缆是否受潮用 2500V 摇表测试绝缘电阻值，应不小于 200MΩ，电缆摇测完毕，应将芯线分别对地放电。

先将电缆用支架或卡子垂直固定，从电缆端口量取 750mm（户内量取 550mm）剥去外护层，如图 2-11 所示。

从铠装断口量取 30mm 铠装，并去污清理干净，用钢带卡子或 2mm 铜丝将地线扎紧后，准备焊接，其余铠装剥去再剥内垫层（绕包层），从铠装断口量取 20mm 内垫层，其余内垫层剥去。然后，摘去填充物，分开芯线。

3. 焊接地线

用编织铜线作电缆钢带及屏蔽引出接地线，先将编织线拆开分成 3 份，重新编织分别缠绕各相，用电烙铁，用焊锡焊在铜屏蔽带上。用砂布打光钢带焊接区，用铜丝绑扎后，然后和钢带焊接牢固，如图 2-12 所示。在密封处的地线用焊锡填满纺织线，形成防潮段。

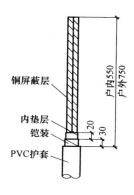

图 2-11 剥除电缆护层

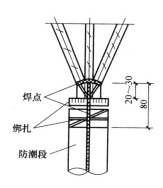

图 2-12 焊接地线的方法示意图

4. 包绕自粘带、套塑料手套

首先包绕绝缘自粘带，应使自粘带尽量平整，绝缘自粘带在相应于手套袖筒部位的护套外面及相应于手套手指部位的屏蔽层外面包绕绝缘自粘带作填充，包绕层数以手套套入时松紧合适为宜。手套应与电缆截面配套，套在三叉根部，在手套袖筒下部及指套上部分别用绝缘胶粘包绕防潮锥，以密封手套。再在防潮锥外面先自上而下，再自下而上以半搭盖方式包绕塑料带两层。

5. 剥铜屏蔽带和半导电层

由手指套指端量取 55mm 铜屏蔽层其余剥去，从屏蔽层端量取 20mm 半导电层，其余剥去。

6. 制作应力锥

制作应力锥前，应清除电缆绝缘表面半导电层残迹，用酒精将电缆表面擦拭干净。从各芯线半导电层后 5mm 处开始，将自粘带拉伸，以半搭盖方式（上层压下层 1/2）向芯线方向缠绕，包带要拉紧，延伸松紧程度适宜，且平整一致，不应有打折，皱纹等现象，反复往返，缠绕成橄榄型的增强绝缘，如图 2-13 所示。

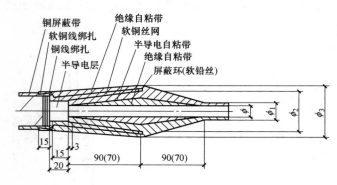

图 2-13　制作应力锥示意图

ϕ—电缆线芯绝缘外径；ϕ_2—应力锥屏蔽外径（mm）；

ϕ_1—增绕绝缘外径、$\phi_1 = \phi + 16$（mm）[$\phi_1 + 12$（mm）]；

ϕ_3—应力锥总外径，$\phi_3 = \phi_2 + 4$（mm）

36

随后用半导电橡胶自粘带从电缆半导电屏蔽层上开始绕包到最大直径处（不能超过），返回到电缆半导电层上。再用屏蔽铜丝网覆盖在绕包的半导电屏蔽层上（也可用直径为2mm的熔丝在绕包的半导电屏蔽层上密集缠绕），下端与电缆屏蔽铜带搭接，搭接长度不小于10mm，并绑扎牢固，用直径为5mm的粗熔丝做一屏蔽环套在应力最大直径处，并与铜网焊接起来。

当采用绕包应力带时，绕包应力带应从电缆半导电层（也可搭接在铜带上）开始，半搭盖绕包，如用非复合应力带的，须拉伸200％，绕包时银灰色朝外；包绕到规定尺寸后，再回到原位置；在绕包层下端覆盖在电缆半导电层的一段应力带外边包一层半导电自粘带，与屏蔽钢带搭接。

7. 安装塑料雨罩（室外）

确定线芯的长度，锯去多余芯线，然后在芯线末端（靠近接线端子接管处）的芯线绝缘上，用塑料胶粘带包缠一突起的雨罩座，套上雨罩。

8. 接线

剥去芯线末端绝缘，长度应为端子接管孔深加5mm，选择与线芯截面相适应的接线端子，将接管内壁和线芯表面擦拭干净，并清除氧化层和油迹，然后进行压接或焊接。压接完后用绝缘自粘带在端子接管上端至雨罩上端一段内，包缠成防潮锥体，再在防潮锥外用PVC粘胶带自上而下，再自下而上半搭盖方式包绕两层。

9. 套防雨罩包绕线芯绝缘层及相色标志

户外先套防雨罩用绝缘自粘带在端子接管下端或雨罩下端（户外型）起，至电缆分支手套指端（包括应力锥），自上而下，再自下而上，以半搭盖方式包缠两层。最后在应力锥上端的线芯绝缘保护层外，用黄绿红三色PVC粘胶带包缠2～3层，作为相色标志。

10. 绝缘电阻测试

用2500V绝缘电阻测试仪测试相间和对地绝缘电阻值不应

小于 200MΩ；测试完成应对地放电，以免触电伤人。

11. 耐压试验

绝缘电阻测试合格后，应进行耐压试验和泄漏电流试验，试验结果应满足要求。

合格后核对相位，将其与设备相连接，同时应将引出的编织软接地线妥善牢固的接地。电缆接线端子压接到开关或设备上，并应加平垫和弹簧垫，压接应牢固紧密。

12. 送电试运行

电缆头及电缆线路完成后，应进行空载试验，试验时间为 24h，并应每 2h 做记录 1 次，空载试验无异常，办理验收手续交建设单位使用。同时提交变更洽商、产品说明书、合格证、试验报告和运行记录等技术文件。

2.4.2 交联聚乙烯绝缘电缆热缩接头制作

用于一般工业与民用建筑内 10（6）kV 交联聚乙烯绝缘电缆户内、户外热缩中间接头制作。要求从开始剥切到制作完毕必须连续进行，一次完成，以免受潮。

1. 电缆头附件点件检查

开箱检查实物是否配套且符合装箱单数量，外观有无异常现象，按操作顺序摆放在大瓷盘中。

（1）主材：电缆头附件及主要材料由生产厂家配套供应，并有合格证及说明书。其型号、规格、电压等级符合设计要求。

（2）辅材：焊锡、焊油、白布、砂布、芯线连接管、清洗剂、汽油、硅脂膏等。

2. 剥除电缆护层

将电缆两端封头打开，用 2500V 摇表测试合格后方可转入剥除电缆护层工序。

（1）调直电缆：将电缆留适当余度后放平，在待连接的两根电缆端部的 2m 处内分别调直、擦干净、重叠 200mm，在中部作中心标线，作为接头中心。

（2）剥外护层及铠装：从中心标线开始在两根电缆上分别量取 800mm、500mm，剥除外护层；距断口 50mm 的铠装上用铜丝绑扎三圈或用铠装带卡好，用钢锯沿铜丝绑扎处或卡子边缘锯一环形痕，深度为钢带厚度 1/2，再用螺丝刀将钢带尖撬起，然后用克丝钳夹紧，将钢带剥除。

（3）剥内护层：从铠装断口量取 20mm 内护层，其余内护层剥除，并摘除填充物。

（4）锯芯线：对正芯线，在中心点处锯断。

3. 剥除屏蔽层及半导电层

剥除屏蔽层及半导电层，自中心点向两端芯线各量 300mm 剥除屏蔽层，从屏蔽层端口各量取 20mm 半导电层，其余剥除。彻底清除绝缘体表面的半导体屏蔽层。

4. 固定应力管

在中心两侧的各相上套入应力管，搭盖铜屏蔽层 20mm，加热收缩固定，套入管材。在电缆护层被剥除较长一边套入密封套、护套筒；护层被剥除较短一边套入密封套；每相芯线上套入内、外绝缘管、半导电管、铜网。加热收缩固定热缩材料时，应注意：

（1）加热收缩温度为 110～120℃。因此，调节喷灯火焰呈黄色柔和火焰，谨防高温蓝色火焰，以避免烧伤热收缩材料。

（2）开始加热材料时，火焰要慢慢接近材料，在材料周围移动，均匀加热，并保持火焰朝着前进（收缩）方向预热材料。

（3）火焰应螺旋状前进，保证绝缘管沿周围方向充分均匀收缩。

5. 压接连接管

在芯线端部量取 1/2 连接管长度加 5mm 切除线芯绝缘体，由线芯绝缘断口量取绝缘体 35mm、削成 30mm 长的锥体，压接连接管。

6. 包绕半导带及填充胶

在连接管上用细砂布除掉管子棱角和毛刺并擦干净。然后，在连接管上包半导电带，并与两端半导电层搭接。在两端的锥体之间包绕填充胶厚度不小于 3mm。

7. 固定外绝缘管

（1）固定内绝缘管：将三根内绝缘管从电缆端拉出分别套在两端应力管之间，由中间向两端加热收缩固定。加热火焰向收缩方向。

（2）固定外绝缘管：将外绝缘管套在内绝缘管的中心位置上。由中间向两端加热收缩固定。

（3）固定半导电管：依次将两根半导电管套在绝缘管上，两端搭盖铜屏蔽层各 50mm，再由两端向中间加热收缩固定。

8. 安装屏蔽网及地线

屏蔽网及地线安装如图 2-14 所示。从电缆一端芯线分别拉出屏蔽网，连接两端铜屏蔽层，端部用铜丝绑扎，用锡焊焊牢。用地线旋绕扎紧芯线，两端在铠装上用铜丝绑扎焊牢，并在两侧屏蔽层上焊牢。

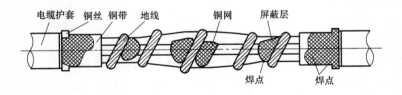

图 2-14　屏蔽网及地线安装

9. 固定护套

固定护套如图 2-15 所示。将两瓣的铁皮护套对扣连接，用铅丝在两端扎紧，用锉刀去掉毛刺。套上护套筒，将电缆两端密封套套在护套头上，两端各搭盖护套筒和电缆外护套各 100mm，加热收缩固定。

10. 耐压试验和泄漏电流试验

绝缘电阻测试合格后，应进行耐压试验和泄漏电流试验，试验结果应满足要求。

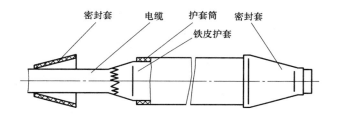

图 2-15　固定护套

合格后核对相位，将其与设备相连接，同时应将引出的编织软接地线妥善牢固的接地。电缆接线端子压接到开关或设备上，并应加平垫和弹簧垫，压接应牢固紧密。

11. 试运行

试验合格后，送电空载运行 24h，无异常现象，办理验收手续，交建设单位使用。同时，提交变更洽商、产品合格证、试验报告和运行记录等技术资料。

2.4.3　0.6/1kV 干包式塑料电缆终端头制作与安装

1. 电缆头附件点件检查

开箱检查实物是否配套且符合装箱单数量，外观有无异常现象，按操作顺序摆放在大瓷盘中。

（1）电缆终端头套、塑料带、接线鼻子、镀锌螺栓、凡士林、电缆卡子、电缆标牌、多股铜线等材料必须符合设计要求，并具备产品出厂合格证。

（2）塑料带应分黄、绿、红三色，各种螺栓等镀锌件应镀锌良好。

（3）地线采用裸铜软线或多股铜线，截面 120mm² 电缆以下 16mm²、150mm² 以上 25mm²、表面应清洁，无断股现象。

2. 测试电缆绝缘电阻

可选用 1000V 兆欧表，对电缆进行测试，首先打开封头，测试相间对地均应在 10MΩ 以上；测试完毕后应对地放电，防止触电伤人。

3. 剥去电缆铠甲、焊接接地线

（1）剥去电缆铠甲：根据电缆与设备连接的所需长度，根据电缆头套型号尺寸要求，剥除外护套。

（2）焊接地线：在剥去铠甲前，应在塑料外护套上留 20～50mm 铠甲，用零号砂布或钢锉将铠甲打光，用直径 2mm 裸铜线将规定的接地线牢固地绑扎在钢带上，也可用钢带的 1/2 做卡子，采用咬口的方法将卡子打牢，防止钢带松脱，应打两道卡子，卡子间距为 15mm。

（3）在绑扎或卡子向上 5mm 处，锯一个环形深痕，深度为钢带的 2/3，不得锯透，以便剥除电缆铠甲。

（4）用螺丝刀在锯痕尖角处将钢带挑起，用钳子将钢带撕掉，或用钳子从电缆端部将钢带撕掉，在锯口处用钢锉处理钢带毛刺，使其光滑；应注意不要伤及内护层。

（5）将地线采用焊锡焊接于电缆钢带上，焊接应牢固，不应有虚焊现象，焊时不应将电缆焊伤。

4. 包绕电缆

（1）从钢带切口向上 10mm 处向电缆端头方向剥去统包绝缘层。

（2）根据电缆头的型号尺寸，按照电缆头套长度和内径，用 PVC 粘胶带采用半搭盖法包绕电缆；包绕时应紧密，松紧一致，无折皱，形成枣核状，以手套套入紧密为宜。

5. 塑料手套安装

选择与电缆截面配套相适应的塑料手套，套在三叉根部，在手套袖筒下部及指套上部分别用 PVC 粘胶带包绕防潮锥，防潮锥外径为线芯绝缘外径加 8mm。

6. 包绕线芯绝缘层

用 PVC 粘胶带在电缆分支手套指端起至电缆端头，自上而下，再自下而上以半搭盖方式包绕两层；然后在应力锥上端的线芯绝缘保护层外，用黄、绿、红三色 PVC 粘胶带包绕 2～3 层，作为相色标志。

7. 安装防雨裙（户外）

（1）固定三孔防雨裙，将三孔防雨裙按设计图尺寸套入，然后加热颈部固定。

（2）固定单孔防雨裙，按设计图示尺寸套入单孔防雨裙，加热颈部固定。

8. 压接电缆芯线接线端子

（1）量接线端子孔深加 5mm，剥除线芯绝缘，并在线芯上涂导电脂。

（2）将线芯插入端子管内，用压线钳子压紧接线端子，压接应在两道以上。

（3）压接完后用 PVC 粘胶带在端子接管上端至导体绝缘端一段内，包缠成防潮锥体。防潮锥外径为线芯绝缘外径加 8mm。

9. 试验

（1）用 1000V 兆欧表测试电缆绝缘电阻。

（2）达到 10MΩ 可采用 2500V 绝缘电阻测试仪，测试 1min 无击穿现象为合格，符合规范要求。

（3）如达不到 10MΩ，应作 1kV 交流工频耐压试验，时间 1min，应无闪络击穿现象，为符合要求。

10. 电缆头固定安装

（1）将做好的终端头的电缆，固定在预先做好的电缆头支架上，线芯分开。

（2）根据接线端子的型号，选用螺栓将电缆接线端子压接在设备上，注意应使螺栓自上而下或从内向外穿，平垫和弹簧垫应安装齐全。

11. 用电试运

试验合格可送电空载试验 24h，无异常且记录齐全，可办交验；试验时监理应旁站。

2.5 电缆试验与检查

电缆敷设和电缆头制作完毕后，按要求进行耐压、绝缘电阻、相位等测试符合规定，方可进试运行验收。

2.5.1 电缆绝缘电阻测量

测试电缆绝缘电阻是指电缆芯线对外皮或多芯电缆中的一个芯对其他芯线和外皮间的绝缘电阻。测试接线方法，如图 2-16 所示。

测试仪表的选择应根据被测试电缆的耐压强度确定。

测试 1kV 以下电缆时，用 1kV 兆欧表（摇表），摇测线间及对地的绝缘电阻应不低于 10MΩ。

测试 1kV 以上电缆时，用 2.5kV 兆欧表。绝缘电阻测试值不作规定，可与以前的测试结果比较，但不能有明显的降低。

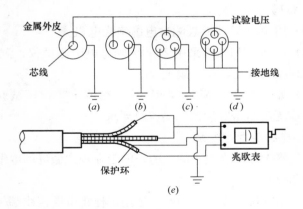

图 2-16　电力电缆绝缘电阻测试方法
(a) 单芯；(b) 两芯；(c) 三芯；(d) 四芯；(e) 测试示意

2.5.2 电缆直流耐压试验和直流泄漏试验

电缆直流耐压试验和直流泄漏试验，在施敷电缆线路工程交接验收及其重包电缆头时均应进行逐项试验。并应按其试验结果填写试验记录、组卷归档。测试接线方法，如图 2-17 所示。

（1）试验操作要求

1）在实际试验操作过程中，其直流耐压试验和直流泄漏试验可同时进行。

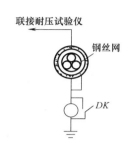

2）试验电压升压。试验时，试验电压可分 4～6 段均匀升压，每段停留 1min，并读取泄漏电流值。然后逐渐降低电压，断开电源，用放电棒对被试验电缆芯进行放电。试验做完一相后，依上述步骤对其余相芯进行试验。

图 2-17　电力电缆直流耐压和直流泄漏试验接线示意

（2）泄漏电流要求

1）黏性油浸纸绝缘电缆泄漏电流的三相不平衡系数（最大值与最小值间的比值）不大于 2。

2）当 10kV 及以上电缆的泄漏电流小于 $20\mu A$ 和 6kV 及以下电缆的泄漏电流小于 $10\mu A$ 时，其不平衡系数不作规定。

3）充油、橡胶、塑料绝缘电缆的不平衡系数不作规定，但应做好试验记录。

4）试验测定值不稳定，泄漏电流随试验电压升高而急剧上升，或者泄漏电流随试验时间延长有上升等现象时，电缆绝缘可能有缺陷，应找出缺陷部位，并予以处理。

5）电力电缆泄漏电流试验结果，不作为决定投入运行的标准，只作为施工判断电缆绝缘情况的参考。

2.5.3　电缆相位检查

电缆敷设后两端相位应一致，特别是并联运行的电缆更为重要。

（1）摇表测试。相位检查方法如图 2-18 所示接线方法。当线路接通后表示是同一相否则就另换一相再试。每相都要试一次，做好测试记录。

（2）用12～220V单线相交流电的相（火）线接到电灯处，灯亮表示同相。不亮则另换一相再试，也是每相都要测试，接线方法如图2-19所示。

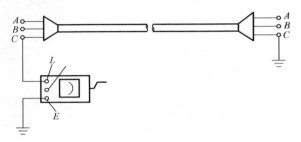

图 2-18   摇表测试电缆相位接线方法

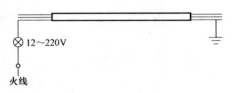

图 2-19   用灯泡检查电缆相位接线方法

2.5.4   试运行

电缆线路经测试符合规定。送电空载运行24h，无异常现象，办理验收手续交付使用。

3 电气配管和配线

3.1 镀锌钢导管敷设

3.1.1 导管预加工与连接

1. 钢导管的除锈涂漆

非镀锌钢管在敷设前应对其进行除锈和刷防腐漆。钢管内壁除锈可采用圆形钢丝刷。将两根细钢丝分别绑在钢丝刷两头，穿过钢管，来回拉动钢丝刷，将钢管内铁锈清除干净。钢管外壁除锈可采用钢丝刷打磨，也可采用电动除锈机。除锈后，将钢管的内外表面涂以防腐漆。钢管外壁刷防腐漆的要求：

（1）埋入混凝土内的钢管不刷防腐漆。

（2）埋入砖墙内的钢管应刷红丹漆等防腐漆。

（3）埋入道渣垫层和土层内的钢管应刷两道沥青或使用镀锌钢管。

（4）明敷设钢管应刷一道防腐漆，一道面漆（若设计无规定颜色，一般刷灰色漆）。

（5）敷设在有腐蚀性土层中的钢管，应按设计规定进行防腐处理。

电线管一般已刷防腐黑漆，所以只需在管子连接处及漆脱落处补刷同样色漆。

2. 钢导管的切割、套丝

配管前根据图纸要求的实际尺寸将管线切断，大批量的管线切断时，可以采用型钢切割机，利用纤维增强砂轮片切割，操作时用力要均匀、平稳、不能过猛，以免砂轮崩裂。

小批量的钢管一般采用钢锯进行切割，将需要切断的管子放在台虎钳（压力钳）的钳口内卡牢，注意切口位置与钳口距离应适宜，不能过长或过短，操作应准确。锯管时锯条要与管子保持垂直，人要站直，操作时要扶直锯架，使锯条保持平直，手腕不能颤动，当管子快要断时，要减慢速度，平稳锯断。

切断管子也可采用割管器，但使用割管器切断管子，管口易产生内缩，缩小后的管口要用绞刀或锉刀刮光。

焊接钢管套丝可用管子绞扳（俗称代丝）或电动套丝机，电线管套丝可用圆丝扳。套丝时，先将钢管在管子压力上固定压紧，根据管外径选择相应的板牙，将管子用台虎钳或压力钳固定，再把绞扳套在管端，先慢慢用力，套上口后再均匀用力，套几个丝扣后及时用毛刷涂抹机油，保证丝扣完整不断扣、乱扣。用钢管套丝机套丝时，应随套随浇冷却液，管径在 20mm 及以下时，应分成两板套成，管径在 25mm 及以上时，应分三板套成。丝扣套好后，应随即清扫管口，将管口端面和内壁毛刺用锉刀锉光，以免穿线时割破导线绝缘。

进入盒（箱）的管子其套丝长度不宜小于管外径的 1.5 倍，管路间连接时，套丝长度一般为管箍长度的 1/2 加 2～4 个丝扣，需要退丝连接的丝扣长度为管箍的长度加 2～4 个丝扣。

3. 钢管弯曲

一般钢管管径≤20mm 时，可用弯管器进行煨管。煨管时，先将管子插入弯管器，渐渐用力弯出所需角度。管径为 25mm 及其以上时，可采用液压弯管器，根据管线需要煨成的弧度选择相应的模具，将管子的起弯点对准，然后拧紧夹具，煨出所需的弯度。煨弯时使管外径与弯管器紧贴，以免出现凹凸现象。

弯曲时，首先将钢管需要弯曲部位的前段放在弯管器内，焊缝放在弯曲方向背面或侧面，以防钢管弯扁，然后用脚踩住钢管，手扳弯管器进行弯曲，并逐点移动弯管器，便可得到所需要的弯度，弯曲半径（图 3-1）应符合以下要求：

（1）暗配时，弯曲半径不应小于管外径的 6 倍，敷设于地下或混凝土楼板内时，不应小于管外径的 10 倍。

（2）明配时，一般不小于管外径的 6 倍，只有一个弯时，可不小于管外径的 4 倍。

为便于穿线，电线管路的弯曲不宜过多，当管路较长或弯曲较多时，中间应加装接线盒或拉线盒，且接线盒或拉线盒的位置应便于穿线。

当钢管直径超过 50mm 时，可采用弯管机或热煨法进行弯曲。

4. 管箍丝扣连接

钢管一般采用管箍连接，螺纹连接的两根管应分别拧进管箍长度的 1/2，并在管箍内吻合好，连接好的管子外露丝扣应为 2～3 个丝扣，不应过长，需退丝连接的管线，其外露丝扣可相应增多，但也应在 5～6 个丝扣，连接的管线应顺直，丝扣连接紧密，不能脱扣。管箍必须采用通丝管箍。

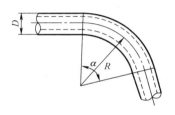

图 3-1　钢管的弯曲半径
D—管子直径；α—弯曲角度；
R—弯曲半径

5. 套管焊接

对于直径在 50mm 及以上的暗配管可采用套管焊接连接的方式。套管的内径应与连接管的外径相吻合，其配合间隙以 1～2mm 为宜。不得过大或过小，套管的长度应为连接管外径的 1.5～3 倍，连接时应把连接管的对口处放在套管的中心处，连接管的管口应光滑、平齐，两根管对口相吻合。套管的管口应平齐并焊接牢固，不得有缝隙。

钢管弯管的弯曲方向与管子焊缝位置之间的关系：焊缝如处于弯曲方向的内侧或外侧，管子容易出线裂缝，一般在弯管过程中，焊缝宜放在管子弯曲方向的正、侧面交角处的 45°线上。

钢管采用管箍连接时，管箍两端应焊接跨接线，以保证接地良好，如图 3-2 所示。跨接线焊接应整齐一致，焊接面不得小于接地线截面的 6 倍，但不能将管箍焊死。

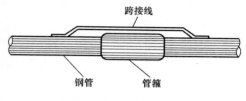

图 3-2　钢管连接处接地

3.1.2　钢导管暗敷设

1. 盒（箱）定位

根据施工图和施工现场实际情况确定管段起始点的位置并标明，并确定接线盒（箱）轴线位置，以土建弹出的水平线为基准，挂线找平，线坠找正，标出盒箱实际尺寸位置。

2. 固定盒（箱）

盒（箱）固定应平整牢固、灰浆饱满，纵横坐标准确，符合设计图和施工验收规范规定。

（1）砖墙稳埋盒（箱）。

1）预留盒（箱）孔洞：根据设计图规定的盒（箱）预留具体位置，随土建砌体电工配合施工，在约 300mm 处预留出进入盒（箱）的管子长度，将管子甩在盒（箱）预留孔外，管端头堵好，等待最后一管一孔地进入盒（箱）稳埋完毕。

2）剔洞稳埋盒（箱），再接短管：按画线处的水平线，对照设计图找出盒（箱）的准确位置，然后剔洞，所剔孔洞应比盒（箱）稍大一些。洞剔好后，先用水把洞内四壁浇湿，并将洞中杂物清理干净。依照管路的走向敲掉盒子的敲落孔，用不低于 M10 水泥砂浆填入洞内将盒（箱）稳端正，待水泥砂浆凝固后，再接短管入盒（箱）。

（2）组合钢模板、大模板混凝土墙稳埋盒（箱）。

1）在模板上打孔，用螺钉将盒（箱）固定在模板上；拆模前及时将固定盒（箱）的螺钉拆除。

2）利用穿筋盒，直接固定到钢筋上，并根据墙体厚度焊好支撑钢筋，使盒口或箱口与墙体平面平齐。

（3）滑模板混凝土墙稳埋盒（箱）。

1）预留盒（箱）孔洞，采取下盒套、箱套，然后待滑模板过后再拆除盒套或箱套，同时稳埋盒或箱体。

2）用螺钉将盒（箱）固定在扁铁上，然后将扁铁焊在钢筋上，或直接用穿筋固定在钢筋上，并根据墙厚度焊好支撑钢筋，使盒口平面与墙体平面平齐。

（4）顶板稳埋灯头盒。

1）加气混凝土板、圆孔板稳埋灯头盒。根据设计图标注出灯位的位置尺寸，先打孔，然后由下向上剔洞，洞口下小上大。将盒子配上相应的固定体放入洞中，并固定好吊顶，待配管后用高标号水泥砂浆稳埋牢固。

2）现浇混凝土楼板等，需要安装吊扇、花灯或吊装灯具超过3kg时，应预埋吊钩或螺栓，其吊挂力矩应保证承载要求和安全。

（5）隔墙稳埋开关盒、插座盒。如在砖墙泡沫混凝土墙等，剔槽前应在槽两边弹线，槽的宽度及深度均应比管外径大，开槽宽度与深度以大于1.5倍管外径为宜。砖墙可用錾子沿槽内边进行剔槽；泡沫混凝土墙可用手提切割机锯成槽的两边后，再剔成槽。剔槽后应先稳埋盒，再接管，管路每隔1m左右用镀锌铁丝固定好管路，最后抹灰并抹平齐。如为石膏圆孔板时，宜将管穿入板孔内并敷至盒或箱处。

在配管时应与土建施工配合，尽量避免切割、剔凿，如果发生需切割、剔凿墙面敷设线管，剔槽的深度、宽度应与管子外径和走向配合。管线敷设好后，应在槽内用管卡进行固定，再抹水泥砂浆，管卡数量应依据管径大小及管线长度而定，不需太多，以固定牢固为标准。

3. 管路入盒与连接

（1）盒（箱）开孔应整齐并与管径匹配，要求一管一孔，不得开长孔。铁制盒（箱）严禁用电、气焊开孔，并应刷防锈漆。如用定型盒（箱），其敲落孔与管径无法匹配时，应用液压开孔器在盒箱的对应位置进行开孔，不得露洞。

（2）在配管施工中，管与盒（箱）的连接一般情况采用螺母连接。

1）采用螺母连接的管子必须套好丝，在套好丝的管端安装锁紧螺母，插入管外径相匹配的接线盒的敲落孔内，管线要与盒壁垂直，再在盒内的管端拧上锁紧螺母。

2）带上螺母的管端在盒内露出锁紧螺母纹应为 2～4 个丝扣，不能过长或过短，如采用金属护口，在盒内可不用锁紧螺母，但入箱的管端必须加锁紧螺母。多根管线同时入箱时应注意其入箱部分的管端长度应一致，管口应平齐。

3）配电箱内如引入管太多时，可在箱内设置一块平挡板，将入箱管口顶在挡板上，待管子用锁母固定后拆去挡板，这样管口入箱可保持一致高度。

4）电气设备防爆接线盒的端子箱上，多余的孔应采用丝堵塞严，当孔内垫有弹性密封圈时则弹性密封圈的外侧，应设钢制堵板，其厚度不应小于 2mm，钢制堵板应经压盘或螺母压紧。

（3）管与盒（箱）焊接固定，暗配管可用跨接地线焊接固定在盒棱边上，管口露出盒（箱）应小于 5mm。

4. 管路接地

（1）管子与管子（采用套管焊接除外）、管子与配电箱及接线盒等连接处都应做系统接地。接地的方法一般是连接处焊上跨接地线；或用螺栓及配套接地卡子进行连接。

（2）跨接线的直径可参照表 3-1。地线的焊接长度要求达到接地线直径 6 倍以上。钢管与配电箱的连接地线，为便于检修，可先在钢管上焊接专用接地螺栓，然后用接地导线与配电箱可靠连接。

（3）卡接：镀锌钢管应用专用接地线卡连接，不得采用熔焊连接地线。

跨接线选择表			表 3-1
公称直径(mm)		跨接线(mm)	
电线管	钢管	圆钢	扁钢
≤32	≤25	φ6	—
40	32	φ8	—
50	40～50	φ10	—
70～80	70～80	—	25×4

（4）管路应做整体接地连接，穿过建筑物变形缝时，应有接地补偿装置。可采用跨接或卡接，以使整个管路形成一个电气通路。

5. 管路补偿

管路在通过建筑物的变形缝时，应加装管路补偿装置。管路补偿装置是在变形缝的两侧对称预埋一个接线盒，用一根短管将两接线盒相邻面连接起来，短管的一端与一个盒子固定牢固，另一端伸入另一盒内，且此盒上的相应位置的孔要开长孔，长孔的长度不小于管径的 2 倍。如果该补偿装置在同一轴线墙体上，则可有拐角箱作为补偿装置，如不在同一轴线上则可用直筒式接线箱进行补偿。也可采用防水型可挠金属电线管跨越两侧接线盒（箱）并留有适当余量。

6. 管路防腐处理

（1）在各种砖墙内敷设的管路，应在跨接地线的焊接部位，螺纹连接管线的外露螺纹部位及焊接钢管的焊接部位，刷防腐漆。

（2）墙面或地面焦渣层内的管路应在管线周围铺设 50mm 厚的混凝土保护层，予以进行保护。

（3）直接埋入土壤中的钢管也需用混凝土保护，如不采用混凝土保护时，可刷沥青漆进行保护。

（4）埋入有腐蚀性或潮湿土壤中的管线，如为镀锌管螺纹接，应在螺纹处抹铅油缠麻，然后拧紧丝头。如为非镀锌管件，应刷沥青漆油后缠麻，然后再刷一道沥青漆。

3.1.3 钢导管明敷设

1. 盒（箱）放线定位

根据设计图纸确定明配钢管的具体走向和接线盒、灯头盒开关箱的位置，并注意尽量避开风管、水管，放好线，然后按照安装标准规定的固定点间距的尺寸要求，计算确定支架、吊架的具体位置。

2. 支架、吊架加工与固定

支架、吊架应按设计图要求进行加工。支架、吊架的规格设计无规定时，应不小于以下规定：扁钢支架 30mm×3mm；角钢支架 25mm×25mm×3mm；埋设支架应有燕尾，埋设深度应不小于 120mm。

支吊架固定方法有胀管法、木砖法、预埋铁件焊接法、稳筑法、剔筑法、抱箍法等。

支架固定点的距离应均匀，管卡与终端、转弯中点、电气器具或接线盒边缘，均应固定距离为 150～300mm。

盒（箱）、盘配管应在箱、盘 100～300mm 处加稳固支架，将管固定在支架上，盒管安装应牢固平整，开孔整齐并与管径相吻合。要求一管一孔，不得开长孔。铁制盒箱严禁用电气焊开孔。

3. 钢导管入盒（箱）

盒（箱）固定，当盒较小时可采用两点固定，即用两个胀管固定盒。当盒（箱）较大时，采用三点固定的方法。盒（箱）固定应牢固，不得松动，且盒（箱）的安装应横平竖直，不能偏斜。

胀管法：在墙体或顶板上打孔，下胀管，直接用螺钉将盒安装上的方法。

木砖法：在需安装盒（箱）的后砌墙上根据盒箱大小预埋木砖，然后用木螺钉将盒（箱）固定于木砖上的方法。

盒（箱）开孔应整齐并与管径一致，要求一管一孔，不得开长孔。对配电箱的开孔还要注意与配电板间距，应考虑在靠配电箱后部。

配电箱严禁用电气焊开孔，管口露出箱应小于 5mm，有锁母者锁紧螺母露出 2～3 个丝扣，钢导管入配电箱，如图 3-3 所示。

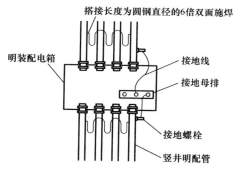

图 3-3　钢导管入配电箱

4. 钢导管敷设

（1）检查管路是否畅通，去掉毛刺，调直管子。

（2）敷管时，先将管卡一端的螺钉拧进一半，然后将管敷设在管卡内，逐个拧牢。使用铁支架时，可将钢管固定在支架上，不许将钢管焊接在其他管道上。

（3）水平或垂直敷设明配管允许偏差值：管路在 2m 以下时，偏差为 3mm，全长不应超过管子内径的 1/2。

（4）管路连接：明配管一律采用螺纹连接。

（5）钢管与设备连接，应将钢管敷设到设备内，如不能直接进入时，应符合下列要求：

1）在干燥房屋内，可在钢管出口处加保护软管引入设备，管口应包缠严密。

2）在室外或潮湿房间内，可在管口处装设防水弯头，由防水弯头引出的导线应套绝缘保护软管，经弯成防水弧度后再引入设备。

3）管口距地面高度一般不低于 200mm。

（6）金属软管引入设备时，应符合下列要求：

1）金属软管与钢管或设备连接时，应采用金属软管接头连接，长度不宜超过 1m。

2）金属软管用管卡固定，其固定间距不应大于 1m，不得利用金属软管作为接地导体。

（7）配管必须到位，不可有裸露的导线无管保护。

5. 钢管接地与防腐

明配管接地线，与钢管暗敷设相同，但跨接线应紧贴管箍，焊接或管卡连接应均匀、美观、牢固。

钢管丝扣连接处，焊接处均应补刷防锈漆，面漆按设计要求涂刷。

3.1.4 吊顶内、护墙板内管路敷设

吊顶内、护墙板内管路敷设的固定参见上述 3.1.2 中相关内容；连接、弯度、走向等参见上述 3.1.3 中相关内容，接线盒可使用暗盒。

如吊顶是有格块线条的，灯位必须按格块划分均匀，护墙板内配管应按设计要求，测定盒（箱）位置，弹线定位，如图 3-4 所示。

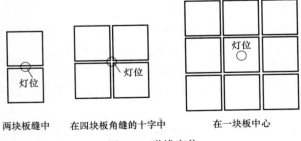

两块板缝中　　在四块板角缝的十字中　　在一块板中心

图 3-4　弹线定位

在灯头测定后，用不少于 2 个螺钉把灯头盒固定牢，如有防火要求，可用防火棉、毡或其他防火措施处理灯头盒。无用的敲落孔不应敲掉，已脱落的要补好。

管路主要采用配套管卡固定，固定间距不小于 1.5m，受力灯头盒应用吊杆固定，在管进盒处及弯曲部位两端 15～30cm 处加固定卡固定。吊顶内灯头盒至灯位采用金属软管过渡，长度不宜超过 0.5m，其两端应使用专用接头。吊顶内各种盒（箱）的安装口方向应朝向检查口以利于维护检查。固定管路时，如为木龙骨可在管的两侧钉钉，用铅丝绑扎后再把钉钉牢。如为轻钢龙骨，可采用配套管卡和螺钉固定，或用拉铆钉固定。直径 25mm以上和成排管路应单独设支架。

管路应敷设在主龙骨的上边，管入盒（箱）必须煨等差（灯叉）弯，并应里外带锁紧螺母。采用内护口，管进盒（箱）以内锁紧螺母平为准。

管路敷设应牢固畅顺，禁止做拦腰管或拌脚管。遇有长螺纹连接管时，必须在管箍后面加锁紧螺母。

3.2 非镀锌钢导管敷设

3.2.1 套接紧定式钢导管敷设

套接紧定式钢导管（简称 JDG 导管）是一种新型电气安装专用导管。JDG 产品由电线导管、连接件和专用工具组成。连接件包括：直管接头和弯管接头、螺纹接头。

1. 钢导管暗敷设

套接紧定式钢导管暗敷设，是将钢导管及其盒（箱）按照正确位置及走向，逐层逐段的配合土建施工进行预埋。导管暗敷设进行预埋施工是至关重要的，也是省工、省料、加快施工进度，确保安装工程的施工质量的唯一途径。钢导管在承重砌体墙施工中，不提倡剔槽敷设。

（1）套接紧定式钢导管电线管路暗敷设时，宜沿最近的路线敷设，且应减少弯曲。其弯曲半径不应小于管外径的 6 倍。

电线管路暗敷设时，也应沿最近路线进行并减少弯曲，以达到管路短，既便于穿线又节约材料，降低工程造价。

电线管路暗敷设时，管材的弯曲半径小，对管内穿入绝缘线不利，绝缘电线所受拉力大，绝缘电线的绝缘层易磨损，不利于安全运行。

（2）套接紧定式钢导管电线管路埋入墙体或混凝土内时，管路与墙体或混凝土表面净距应符合现行国家标准《建筑电气工程施工质量验收规范》GB 50303－2015 的规定。

为使钢导管电线管路敷设后不影响建筑物抹灰面及埋入太深不利于管路与盒（箱）的连接，如剔槽太深则影响建筑物质量，埋入太浅在墙面上出现钢导管电线管路不良的印迹，也影响建筑质量。故埋设深度应恰当，使电线管路敷设后既不影响建筑物质量又使电线管路得到保护。

（3）套接紧定式钢导管电线管路暗敷设时，管路固定点应牢固，以使电线管路敷设后在连接处减小因管材自重引起的电线管路下垂、摆动、受力过大等现象。应符合下列规定：

1）敷设在钢筋混凝土墙及楼板内的电线管路，紧贴钢筋并与钢筋绑扎固定。直线敷设时，固定点间距不大于 1000mm。当电线管路有连接处时，连接处两端各 100～200mm 处增设固定点。

当电线管路进入盒体时，在盒体外侧 150～200mm 处，增设固定点。

2）敷设在砖墙、砌体墙内的电线管路，垂直敷设剔槽时宽度不宜大于管外径的 5mm，固定点间距不大于 1000mm，在连接点外侧 200mm 处，增设固定点。

3）敷设在混凝土板上的电线管路平顺，固定点间距不大于 1000mm。

4）敷设在以石膏板等板材为墙体内的电线管路，直线敷设时，固定点间距不大于 1000mm，在端部 150～300mm 处，增设固定点。

2. 钢导管明敷设

套接紧定式钢导管明敷设管路是在建筑物室内装饰工程结束

后进行的。导管在敷设前应按设计意图，确定好配电设备、各种盒（箱）及用点设备、器具的安装位置，并将设备、盒（箱）或器具固定牢固，然后根据明敷设管路应横平竖直的原则，顺线路的垂直和水平位置确定管路走向，进行弹线定位，测量出支、吊架固定点的具体位置和距离，并应注意套接紧定式钢导管管路与其他管路相互间位置及最小净距。

（1）套接紧定式钢导管电线管路明敷设时，管材的弯曲半径小应小于管材外径的 6 倍。当两个接线盒间只有一个弯曲时，其弯曲半径不应小于管材外径的 4 倍。

电线保护管管材弯曲半径的大小，对管内穿入绝缘电线有直接影响。弯曲半径小，不利于绝缘电线穿入管内，且增大拉力，易损伤绝缘电线的绝缘层，也给施工带来困难。

（2）套接紧定式钢导管电线管路明敷设时，支架、吊架的规格。当无设计要求时，一般情况下，圆钢直径最小值为 6mm，扁钢最小值为 30mm × 3mm，角钢最小值为 25mm × 25mm×3mm。

（3）套接紧定式钢导管电线管路明敷设时，管路排列应整齐，固定点应牢固，间距应均匀。

对于明敷设的电线管路，为使其不出现移位，电线管端部和弯曲部分两侧应设固定点，同时在电线管路中间设固定点均是必要的。固定点间距过大时，管路或连接点受力增大，易造成电线管路下垂或产生摆动，导致连接套管出现异常，影响敷设质量；固定点间距过小，则不经济。

（4）套接紧定式钢导管电线管路明敷设时，固定点与终端、弯头中点、电气器具或盒（箱）体边缘的距离宜为150～300mm。

电线管路明敷设时，管端部和弯头两侧需设固定点，以避免穿线时电线管路移位。管端部、电气器具、接线盒边缘的固定点，不能用器具设备和盒（箱、柜、盘）进行固定，以避免维修、更换器具时造成管路移位或器具设备受到附加应力。

（5）套接紧定式钢导管明敷设完毕后，管路应固定牢固，连接处符合规定，在未穿线时，管端头应封堵。

（6）为加强施工管理，避免不同工种之间的交叉作业，往返施工损伤建筑施工面的质量，套接紧定式钢导管明敷设管路的预埋件，应与建筑工程同步施工，做到相关工种之间相配合、协调，文明施工、减少浪费。

3. 钢导管在吊顶内敷设

建筑物吊顶工程施工时，电气人员应与土建及其他专业紧密配合，吊顶内导管敷设，一般应与龙骨安装的配合进行，在顶板安装前完工。施工时可先在顶棚或地面上定位弹线，以便准确地确定好器具及导管的位置和走向。

吊顶内套接紧定式钢导管应沿最近的路径敷设，且应尽量减少弯曲。但应注意与其他专业管道特别是空调管道间的距离，以免造成施工的相互影响、相互损坏及产生不安全因素。

套接紧定式钢导管敷设的支架、吊架，可根据导管敷设的数量和管径，按导管明敷设的规则加工制作和安装。

4. 管路与盒（箱）连接

为了满足施工质量要求，增加工艺美观，套接紧定式钢导管电线管路与盒（箱）体连接时，应一孔一管，管径与盒（箱）体敲落孔应吻合。导管与盒（箱）体的连接处应采用爪形螺母，并与螺纹管接头锁紧，如图 3-5 所示。

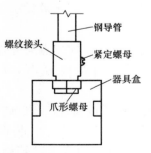

图 3-5　导管与盒（箱）连接

（1）套接紧定式钢导管电线管路进入落地式箱（柜）时，排列应整齐，管口应高出配电箱（柜）基础面 50～80mm。以避免积水、尘埃、杂物进入管内，以保持电线管路及管内绝缘电线不受影响，便于绝缘电线与柜（箱）内电气设备的接线。

（2）套接紧定式钢导管电线管路进入盒（箱）处，应顺直，且应采用专用接头固定。

电线管路进入盒（箱）时，应避免斜向插入，影响连接质量。施工中可采用煨灯叉弯，目的是使电线管路插入盒（箱）内时连接牢固，且管路顺直。

（3）导管与盒（箱）连接时，螺纹接头与接线盒（箱）连接端可以先同盒（箱）固定，并用专业扳手拧好爪形螺母；也可以先把导管插入到螺纹接头与导管连接的一端，用专用扳手紧定好紧定螺钉，待导管敷设时，再把螺纹接头的螺纹端插入到盒（箱）的敲落孔中，进行管与盒（箱）的连接。

（4）为便于检查导管管路的敷设方向，两根及以上导管与盒（箱）连接时，排列应整齐、间距均匀。

5. 管路与管路连接

套接紧定式钢导管管路连接处，两侧连接的管口应平整、光滑，无毛刺、变形。导管管端插入连接套管前，插入部分的管端应保持清洁，导管与套管的接触应紧密。

套接紧定式钢导管，管与管之间可以进行直接管连接和弯曲连接，分别使用直管接头和弯管接头，如图 3-6 所示。

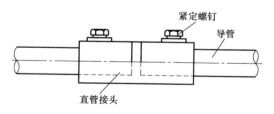

图 3-6　导管与导管之间的连接

套接紧定式钢导管管路，导管之间进行直管连接时，应使用 JDG 直管接头进行连接。连接管两管口分别插入直管接头中间，紧贴凹槽处两端，用紧定螺钉定位后，用专用工具（连接扳手）进行旋紧至螺帽脱落，起到紧定的作用。

套接紧定式钢管管路，进行弯曲连接时，应使用弯管接头进行连接。管材端口分别插入连接套管内应紧贴凹槽处，接触应紧密，且两侧应定位。当采用无螺纹旋压型紧定时，应将锁紧头旋转90°紧定。当采用有螺纹紧定型紧定时，旋紧螺钉至螺帽脱落，且不应以其他方式折断螺帽。

6. 管路接地

为了保证线路安全运行，应使整个导管管路可靠地联结成一个导电整体，以防止电线绝缘损伤，而使导管带电造成事故，导管管路要进行接地连接。

（1）套接紧定式钢导管及其金属附件组成的电线管路，当管与管，管与盒（箱）体、线槽的连接符合"管路连接"的规定时，连接处可不设置跨接接地线。管路外露可导电部分应有可靠接地。

（2）套接紧定式钢导管电线管路与金属外壳采用喷塑等防腐处理的柜（箱）体连接时，连接处应设置跨接地线。

（3）套接紧定式钢导管电线管路与接地线不应熔焊连接。

（4）套接紧定式钢导管电线管路，不应作为接地线的接续导体。由于管壁小于 2mm，不应作为电气设备接地线（即不能作为 PE 或 PEN 线的接续导体）。当钢导管管路中安装有需要接地保护的设备或器具时，钢导管管路内应加穿一根黄、绿相间色的专用保护线（PE），供设备或器具保护接地。

3.2.2 套接扣压式钢管敷设

套接扣压式薄壁钢导管（简称 KBG 导管）系列产品，由薄壁钢导管及其金属连接件直管接头、弯管接头、螺纹接头、暗装用接线盒和专用工具（扣压器）等组成。套接扣压式薄壁钢导管的管材、连接附件及盒（箱），宜采用同一金属材料制作，使整个形成的电线管路，除应满足机械强度外，也能满足电气连接的要求。

1. 盒（箱）定位与固定

根据施工图盒（箱）设计者确定的尺寸，进行放线测量，找出基准轴线位置，挂线找平、找正，弹出水平线，然后找出坐标尺寸，确定标高，划出盒箱具体位置尺寸。

（1）稳筑盒（箱）：要求暗敷盒（箱）不应吃进墙体内过深，或者出墙过多影响贴脸安装，盒（箱）收口灰浆饱满，平整牢固，坐标、标高尺寸正确。现浇混凝土板墙固定盒（箱）加支铁固定，盒（箱）底距外墙面小于 3cm 时，需加金属网固定后，再进行抹灰，并应防止空裂。

（2）托板稳筑灯头盒：预制圆孔板或其他圆孔板确定灯位洞时，弹线定位划出盒子周边尺寸，采用尖錾子由下往上剔，洞口大小尺寸比灯头盒外口略大 1～2cm。洞剔好后，先将灯头盒焊好卡铁，然后放入洞内，再用高强度等级水泥砂浆稳筑，同时用托板托牢灯头盒，待砂浆凝固后，即可拆除托板。

（3）现浇混凝土楼板稳筑盒（箱）：现浇混凝土楼板上稳筑盒（箱）时，先将盒（箱）用聚苯板（或锯末、黄土）等堵好盒（箱）口，并将盒（箱）口朝下与模板平齐，同时随底板钢筋配制固定牢固，管路配好后，在土建浇灌混凝土时及时看护好盒（箱）以保证管路不移位。

2. 钢导管暗敷设

套接扣压式薄壁钢套管暗敷设，是将导管及其盒（箱）按其正确位置及走向，逐层逐段的配合土建施工进行预埋。

（1）扣压式薄壁管适用于 1kV 及以下无特殊规定的室内干燥场所。

（2）扣压式薄壁管埋入地下，不宜穿过建筑物，构筑物或设备的基础，必须穿过时，应另设保护管或采取其他措施。套接扣压式薄壁钢导管，由于管材是薄壁型，在敷设时由于抗压强度相对较低，为了避免导管受损，影响安全运行，不宜穿过建筑物、构筑物或设备的基础。当必须穿过时，为了保护钢导管管路正常使用，防止基础下沉对导管管路带来不利因素，应外套保护管或采取其他措施。

（3）暗敷扣压式薄壁管应沿最近的路线，进行线路敷设同时应尽量减少弯曲；埋入墙体或混凝土内的管子，其表面的净距应有不小于 15mm 的管路保护层。

（4）进入落地式配电箱，柜的电线管路，排列整齐，管口应高出基础面宜为 50～80mm。

（5）经过建筑物或构筑物的沉降缝或伸缩缝处，应装设两端的固定补偿装置。

（6）扣压式薄壁管，当管路出现下列情况之一时，中间应增设拉线盒或接线盒，其位置应便于穿线。

1）管路长度每超过 30m，无弯曲。

2）管路长度每超过 20m，有一个弯曲。

3）管路长度每超过 15m，有两个弯曲。

4）管路长度每超过 8m，有三个弯曲。

（7）扣压式薄壁钢管垂直敷设时，管内绝缘电线 50mm^2 及以下，长度每超过 30m，应增设固定用的拉线盒。

（8）扣压式薄壁钢管暗敷设时，管路固定点应牢固，且应符合下列规定：

1）敷设在钢筋混凝土墙及楼板内的管路，应与钢筋绑扎固定，其固定点间距不应大于 1000mm。

2）敷设在砖墙、空心砖墙、加气砖墙内的管路，剔槽宽度不应大于管外径 5mm，保护层厚度不应小于 15mm，固定点间距不应大于 1000mm。

3）敷设在预制圆孔板上的管路应顺平，紧贴板面，固定点间距不应大于 1000mm。

（9）扣压式薄壁钢管敷设管路与其他管道间最小距离，应符合上述 3.2.1 中的相关规定。

（10）扣压式薄壁钢管，其管路内应采用额定电压为 500V 的合格绝缘电线，绝缘电线型号，规格应符合设计规定，其绝缘电线配置应符合国家现行规范的规定。

3. 钢导管明敷设

套接扣压式薄壁钢导管明敷设，是在建筑物室内装饰工程结束后进行的。导管在敷设前应按设计意图，确定好设备、器具的盒（箱）或用电设备和器具的安装位置，并将其安装固定牢固。然后根据明敷设管路应横平竖直的原则，顺线路的垂直和水平位置进行弹线定位，并应注意导管管路与其他管路相互间位置及最小净距，测量出支、吊架固定点的具体位置和距离。

（1）扣压式薄壁钢管明敷设时，管的弯曲半径不应小于外径的 6 倍；当有两个接线盒间只有一个弯曲时，其弯曲半径不应小于管外径的 4 倍。

（2）扣压式薄壁钢管明敷设时，支架、吊架的规格，当设计无要求时，圆钢不应小于 $\phi6$；扁钢截面不应小于－$30\times3mm$；角钢不应小于∟$25\times3mm$；埋筑支架应有燕尾，埋入深度不应小于 80mm。

（3）扣压式薄壁管明敷设时，排列整齐，固定点牢固，间距均匀，其最大间距应符合"套接紧定式钢导管敷设"中的相关规定。

（4）扣压式薄壁钢管水平或垂直明敷设时，其水平或垂直安装允许偏差为 1.5‰，全长偏差不应大于管内径的 1/2。

（5）在吊顶内接线盒至灯箱之间的连接时，可采用金属软管接头进行连接，长度不宜超过 1m；金属软管需采用管卡固定，其固定间距不应小于 1m；同时严禁用金属软管作保护接地线导体。

（6）吊顶内敷设扣压式薄壁钢管，管路固定牢靠通顺，严禁做拦腰管或绊脚管。

（7）严禁在潮湿场所采用扣压式薄壁管进行明敷设。

（8）扣压式薄壁钢管在轻钢龙骨上固定时，可用拉铆钉进行管路、盒（箱）固定施工。

4. 导管的直管连接

套接扣压式薄壁钢导管之间的连接，一般均在施工现场在导管敷设的过程中进行。套接扣压式薄壁钢导管的连接均使用套接管件（直管接头、弯管接头）进行连接，使用专用工具（扣压器）扣压，以满足导管与接头间扣压的机械、电气的连接强度。

套接扣压式薄钢导管连接处，导管与套接管件应连接紧密，内外壁应光滑、无毛刺。套接扣压式薄壁钢导管的连接不应敲打形成压点，同时也严禁熔焊连接。

导管与导管进行直管连接时，两连接管管端，分别插入到直管接头中心凹型槽的两侧，然后在管端连接处的中心，用扣压器进行扣压。套接扣压式薄壁钢导管电线管路为水平敷设时，扣压点宜在管路上、下方分别扣压；管路为垂直敷设时，扣压点宜在管路左、右侧分别扣压。套接扣压式薄壁钢导管电线管路，当管径 $\phi \leqslant 25$ 时，每端扣压点不应少于 2 处；当管径为 $\phi \geqslant 32$ 时，每端扣压点不应少于 3 处。且扣压点宜对称，间距宜均匀。导管与导管的直管连接，如图 3-7 所示。

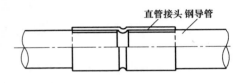

图 3-7　导管与导管的直管连接

5. 管的转角连接

套接扣压式薄壁钢导管管路，进行转角连接时，使用弯管接头连接。连接时将两连管管端，分别插入到弯管接头两端的承插口内，并应到位。

套接扣压式薄壁钢导管转角连接，用扣压器进行扣压的位置、方位，扣压点的数量以及扣压点的深度及质量要求和封堵措施等与导管的直管连接要求均是一致的。

6. 导管与盒（箱）的连接

（1）套接扣压式薄壁钢导管与盒（箱）均采用螺纹接头利用爪形螺母进行连接。连接时对盒（箱）连接（敲落）孔是有要求的，盒（箱）孔应整齐，且应与导管管径相吻合。盒（箱）不应开长孔，同时严禁使用电、气焊开孔或扩孔。

（2）套接扣压式薄壁钢导管与盒做终端连接时，可以把适当长度的导管插入到螺纹接头的一端，并应到位。扣压完成后，再把螺纹接头的爪形螺母端插入到盒体的连接（敲落）孔内，用专用扳手紧固螺纹接头入盒处的爪形螺母，形成管与盒连接后的多点接触。导管与盒的终端连接，如图3-8所示。

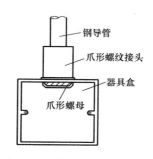

图3-8　导管与盒的终端连接

（3）导管与盒终端连接时，也可以先把螺纹接头与盒紧固好，然后再连接扣压导管端。导管与盒做中间连接时，要较终端连接复杂一些。只可先连接好一端的管子及另一管端的螺纹接头，而另一端的连接管多需要在现场敷设过程中再进行连接和扣压。导管与盒的中间连接，如图3-9所示。

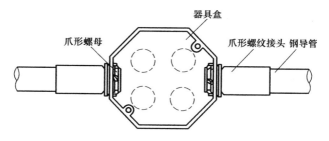

图3-9　导管与盒的中间连接

（4）套接扣压式薄壁钢导管与箱体的连接，也使用螺纹接头和爪形螺母进行连接。套接扣压式薄壁钢导管，应在箱体安装前预先把导管与螺纹接头的导管连接并扣压完成，然后再根据导管的明、暗敷设情况，在适当的时机把螺纹接头插入到箱体的连接（敲落）孔中，带好爪形螺母并用专用工具紧定好。如果先进行螺纹接头与箱体的紧固连接，再连接导管，就无法实施扣压。

7. 导管在吊顶内敷设

套接扣压式薄壁钢导管，在土建装饰吊顶工程施工时，电气人员应与土建及其他安装专业紧密配合。吊顶内导管敷设，一般应在龙骨装配时进行，在顶板安装前应将导线穿管完。可先在顶棚或地面上定位弹线，以便准确地确定好器具及导线的位置和走向。

吊顶内导管管路应沿最近的路线敷设，且应尽量减少弯曲，但应注意与其他专业管道特别是空调管道的距离，以免造成施工的相互影响，相互损坏及产生不安全因素。

套接扣压式薄壁钢导管敷设的支架、吊架，可根据导管敷设的数量和导管管径，按明敷设导管的规则加工制作。

在吊顶内多根导管在吊架或支架上敷设，应排列整齐，固定牢靠，管路中支、吊架的固定距离，同明敷设施工一致。

8. 管路穿过变形缝做法

（1）箱底水平方向开长孔做法

在变形缝两侧墙体上，各预埋一个接线箱，一侧接线箱体先与被连接管进行固定；另一侧接线箱底部的水平方向开长孔，其孔径开口尺寸不小于接入管直径 2 倍。同时连接两侧的跨接地线，预留有伸缩补偿的余量，且用专用的接地线卡接，严禁熔焊连接接地线，如图 3-10 所示。

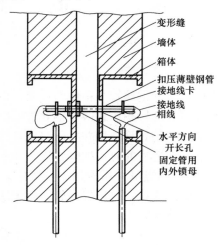

图 3-10 箱底水平方向开长孔做法

（2）大小套管做法

变形缝中间可采用大小套管进行补偿处理，即在墙体一端采用 $DN25$ 钢管，而另一端墙体上钢管比 $DN25$ 大 2 级，则 $DN25$ 钢管大 1 级为 $DN32mm$，大 2 级为 $DN40$ 钢管，安装时 $DN25$ 钢管穿入 $DN40$ 钢管效果较好。跨接地线预留余量用管卡固定在钢管上，补偿接地活动灵活。

9. 管路接地

为了安全运行，使整个导管管路可靠地连接成一个导电整体，以防止电线绝缘损坏，而使导管带电造成事故，导管管路要进行接地连接。

套接扣压式薄壁钢导管及其金属附件组成的电线管路，管路外壳应有可靠接地。接地线应用专用接地卡连接，不应熔焊连接接地线。

套接扣压式薄壁钢导管及其金属附件，经扣压工艺连接后，组成的电线管路，应做到管路有良好的电气连续性在管与管、管与盒（箱）连接处采用套接扣压方式，在连接处无需额外做跨接接地线。

套接扣压式薄壁钢导管电线管路，不应作为电气设备接地线，当管路中安装有需要接地保护的设备或器具时在导管内应加穿一根黄、绿色相间的专用 PE 线，供设备或器具接地保护用。

3.3 可弯曲金属导管及金属软管敷设

可弯曲金属导管，也称可挠性金属导管。

3.3.1 管路连接

1. 管与盒（箱）的连接

可弯曲金属导管与盒（箱）连接时，应使用专用接线箱连接器进行连接。用组合接线箱连接器连接时，确认管口处无毛刺后，将连接管按管子螺纹方向旋入连接器的保护管螺纹一端，连接器另一端插入盒（箱）敲落孔内拧紧连接器紧固螺母或盖形螺母。盒（箱）敲落孔孔径与连接器的螺纹不适合时，要用异径接头环安装，使其无间隙。

2. 管与管的连接

可弯曲金属导管，由于规格不同，每卷的制造长度也不相同，最短的 5m，最长的可达 50m。可弯曲金属导管接有很多附件，可供连接管时使用。

可弯曲金属导管可使用直接连接器进行互接。

3. 可弯曲金属导管与钢导管连接

钢导管有螺纹混合连接：可挠金属电线保护管与钢管有螺纹连接，应使用混合连接器进行连接。使用混合连接器进行连接时，应先将混合连接器拧入钢导管螺纹端，使钢导管管口与混合连接器的螺纹里口吻合，再将可挠金属电线保护管拧入混合连接器的套管螺纹端。

钢导管与无螺纹连接：可挠金属电线保护管与无螺纹钢管连接，应使用无螺纹连接器进行连接。先将保护管拧入无螺纹连接器的管螺纹一端，保护管管端应与里口吻合后，将保护管连同无螺纹连接器与钢导管管端插入（插入深度与接头的规格有关），然后用扳手拧紧接头上的两个螺栓至螺帽脱落。

3.3.2 管路接地

弯曲金属导管与导管的连接及管与盒（箱）的连接，均应做好良好的接地。接地连接应使用接地线固定夹。接地线应使用直径不小于 2.5mm² 的软铜线。

3.4 绝缘导管敷设

绝缘导管（也称塑料管），可用于公用建筑、工厂、住宅等建筑物的电气明配管及有酸、碱等腐蚀介质的场所照明配管敷设安装，不适用于 40℃ 以上的场所和易受机械冲击、摩擦等场所照明配管敷设。

3.4.1 硬塑料管的连接

硬塑料管的连接通常可以采用丝扣连接和粘接连接。丝扣连接的方法与钢管丝扣连接方法相同。硬质塑料管之间的连接一般有插接法和套接法。

插接法又可分为直接插接法和模具胀管插接法。直接插接法适用于直径为 50mm 及以下的硬塑料管,模具胀管插接法适用于直径为 65mm 及以上的硬塑料管。

1. 直接插接法

(1) 将管口倒角。将需要连接的两个管端,一个管端加工为内斜角(用作内管),一个管端加工为外斜角(用作外管),角度均为 30°,如图 3-11 (a) 所示。

(2) 用汽油或酒精将内管、外管的插接段擦干净。

(3) 将内管插接深度部分(插接长度为管径的 1.1～1.8倍)。放在电炉上加热数分钟,使其处于柔软状态。加热温度为

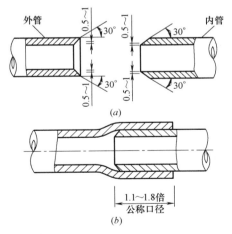

图 3-11　硬塑料管的直接插入法
(a) 管口倒角;(b) 插入连接

71

145℃左右。

（4）将外管插入部分涂上胶合剂（如过氯乙烯胶），厚薄要均匀，迅速插入内管中。待两管的中心线一致时，立即用湿布冷却定型，使管口恢复原来硬度，如图 3-11 (b) 所示。

2. 模具胀管插接法

（1）将管口倒角，同直接插接法。

（2）清理插接段，同直接插接法。

（3）将内管放入湿度为 145℃的热甘油或石蜡中（也可用电炉、喷灯、电烘箱）加热，加热部分长度为管径的 1.1～1.3 倍，使其处于柔软状态。然后将其插入到事先加热好的金属模具进行扩口，如图 3-12 (a) 所示。

（4）扩口后，待冷却至 50℃左右时取下模具，再用冷水浸浇管的内外壁，使管子冷却成型。

（5）将内管、外管插接段涂胶合剂，把外管插入内管内，加热内管使其扩大部分收缩，然后急加水使其急速冷却，收缩变硬；也可采用焊接连接，即将外管插入内管后，用聚氯乙烯焊条在接合处焊 2～3 圈，以保证可靠的密封，如图 3-12 (b) 所示。

3. 套接法

取比连接管大一级管径的管做套管，套管长度为连接管内径的 1.5～3 倍。将需要连接的两管倒角，清除油污杂物，涂上胶合剂。将两管端部插入套管内，连接管的对口应在套管的中心，并应连接牢固。套管连接时，连接管管端均需涂胶合剂，如图 3-13 所示。

若不采用胶合剂，也

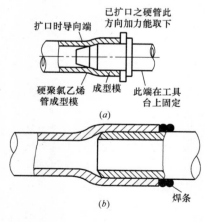

图 3-12　模具胀管插接法

(a) 成型模具插入；(b) 焊接连接

可在套接后用塑料焊加以密封。

硬质 PVC 管的连接，使用与管路配套的套管和专用粘接剂。连接管两端对口处要涂用胶合剂粘接，如图 3-14 所示。连接前先要清除被连接管端的灰浆，保证粘接部位清洁干燥，用小毛

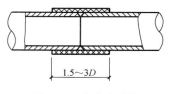

图 3-13　套接法连接

刷涂抹胶粘剂，要均匀、不漏刷、不流坠。涂好后平稳地插入套管中，插接要到位。必要时可用力转动套管保证连接可靠。套管连接的管路应保持平直。

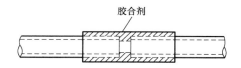

图 3-14　硬质 PVC 管用专用套管连接

套管加热冷却法。常规是对外套管加热后，再浇冷水降温使套管冷却收缩，箍紧连接管。套管的长度不宜小于连接管外径的 4 倍。套管的内径与连接管的外径接触面应紧密配合，这样连接管插入后才能连接牢固，而不松动。因此连接时应采取加热冷却连接的方法。

3.4.2　硬质阻燃塑料管（PVC）明敷设

1. 测量定位

按照施工图纸，测量出配电箱、开关盒、插座盒、接线盒的准确位置和各段管线的长度，并应标注出准确尺寸。

2. 管路固定

管路固定时，均应先固定两端的支架、吊架，然后再拉线固定中间的支架、吊架，以保证支、架安装在同一直线上。管路固定可采用以下方法。

（1）胀管法：用与胀管直径相匹配的钻头在墙上打孔（孔

深略大于胀管长度），将胀管插入孔内，用配套的木螺钉固定管卡。

（2）木砖法：用木螺钉直接将管卡固定在预埋的木砖上。

（3）预埋铁件焊接法：随土建施工，按测定的位置预埋铁件，安装时将支架、吊架焊接在预埋的铁件上。

（4）稳筑法：随土建施工，将支架固定好。

（5）剔筑法：按测定位置，剔出墙洞用水把洞内浇湿，再将砂浆填入洞内，填满后，将支架、吊架或螺栓插入洞内，校正埋入深度和平直，再将洞口抹平。

（6）抱箍法：在梁、柱上敷设管路时，按照测定位置，用抱箍将支架、吊架固定好。

3. 管路敷设

（1）先将管卡一端的螺栓拧紧一半，然后将管敷设于管卡内，逐个拧紧。

（2）支架、吊架位置正确、间距均匀，同一管段的管卡应平正牢固；埋入支架应有燕尾，埋入深度不应小于 120mm；用螺栓穿墙固定时，背后加垫圈和弹簧垫用螺母紧牢固（必要时在垫圈上加装用扁钢切成的短节，以增加强度）。

（3）管水平敷设时，高度应不低于 2000mm；垂直敷设时，穿过楼板或易受机械损伤的地方，应用钢管保护，其保护高度距板表面距离不应小于 500mm。

（4）管路较长敷设时，超过下列情况时，应加接线盒；管路无弯时，30m；管路有一个弯时，20m；管路有两个弯时，15m；管路有三个弯时，8m；如无法加装接线盒时，应将管直径加大一级。

（5）明配刚性塑料绝缘导管应排列整齐，固定点间距均匀，管卡间最大距离应符合表 3-2 的规定。管卡与终端、转弯中点、电气器具或盒（箱）边缘的距离宜为 15～500mm。

排列整齐可达到工程美观，也有利于检修，其材质强度比钢管小，所以管卡间距相应较小。

刚性塑料绝缘导管管卡间最大距离（m）			表 3-2
敷设方式	管内径(mm)		
吊架、支架或沿墙敷设	20 及以下	25～40	50 及以上
	1.0	1.5	2.0

4. 管路入盒（箱）连接

（1）管路入箱、盒一律采用端接头与内锁母连接，要求平整、牢固。向上立管管口采用端帽护口，防止异物堵塞管路，做法如图 3-15 所示。

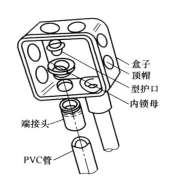

盒子
顶帽
型护口
内锁母
端接头
PVC管

图 3-15　管路入盒（箱）

（2）变形缝做法：变形缝穿墙应加保护管，保护管应能承受管外的冲击，保护管的管径宜大于穿插线管的管外径二级。

5. 装设补偿盒

（1）当线盒经过建筑物的沉降、伸缩缝时，为防止建筑物伸缩沉降不匀而损坏线管，须在变形缝旁装设补偿装置，如图3-16 所示。

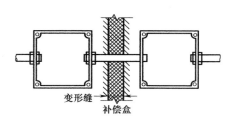

变形缝
补偿盒

图 3-16　变形缝补偿装置

（2）由于硬塑料管的热膨胀系数较大，约为钢管的 5～7 倍，所以当线管较长时，每隔 30m，要装设 1 个温度补偿装置（在支架上架空敷设除外），如图 3-17 所示。

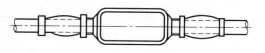

图 3-17　硬塑料管温度补偿盒

3.4.3　硬质阻燃塑料管（PVC）暗敷设

1. 弹线定位

（1）根据施工图要求，在砖墙、大模板混凝土墙、滑模板混凝土墙、木模板混凝土墙、组合钢模板混凝土墙处，确定盒（箱）位置进行弹线定位，测量出盒（箱）准确位置并标出尺寸。

（2）根据施工图灯位要求，在加气混凝土板、现浇混凝土板进行测量后，标注出灯头盒的准确位置尺寸。

（3）根据设计图要求，在砖墙、泡沫混凝土墙、石膏孔板墙、焦渣砖墙等，需要稳埋开关盒的位置，进行测量确定开关盒准确位置尺寸。

2. 盒（箱）固定

安装时应注意箱体的方向，接地接零端子一般在下方，安装时容易装反。固定箱体时先用电焊把箱体四周的钢筋焊牢，再把箱体位置的钢筋割掉，一般比箱体外壳尺寸多割掉出 3～4cm，箱体用水平尺找平、找正后，用钢筋把四周及箱后加固牢靠。

密封箱体时，先把管口用湿纸塞紧，管接头要用胶带纸粘严密，里面的螺钉用纸和胶带粘牢，箱体用小木龙骨从里面做工字形支撑牢固，然后用泡沫板（聚苯板）塞严，最后用透明胶带（黄胶带脱胶后难清理）粘严。

3. 管路与盒（箱）的连接

首先测定好盒（箱）位置，根据其位置截取适当长度的管路，如果原来管路长度不够时，可采取接短管的办法，使其长度满足使用要求。按照上面套管与管路连接的办法，把盒接头与各管路连接，把盒接头的另一端插入盒（箱），并用配套的锁母固定，然后把盒（箱）固定在合适的位置。

管进盒（箱），一管一孔，先接端接头然后用内锁母固定在盒（箱）上，在管孔上用顶帽型护口堵好管口，最后用纸或泡沫塑料块堵好盒子口（堵盒子口的材料可采用现场现有柔软物件，如水泥纸袋等）。

4. 管路敷设

（1）现浇混凝土墙板内管路暗敷设：管路应敷设在两层钢筋中间，管进盒（箱）时应煨成等差（灯叉）弯，管路每隔1m处用镀锌铁丝绑扎牢，弯曲部位按要求固定，往上引管不宜过长，以能煨弯为准，向墙外引管可使用"管帽"预留管口待拆模后取出"管帽"再接管。

（2）滑升模板敷设管路时，灯位管可先引到牛腿墙内，滑模过后支好顶板，再敷设管至灯位。

（3）现浇混凝土楼板管路暗敷设：根据建筑物内房间四周墙的厚度，弹十字线确定灯头盒的位置，将端接头、内锁母固定在盒子的管孔上，使用帽护口堵好管口，并堵好盒口，将固定好盒子，用机螺钉或短钢筋固定在底盘上。跟着敷管、管路应敷设在底排钢筋的上面，管路每隔1m处用镀锌铁丝绑扎牢。引向隔断墙的管子可使用"管帽"预留口，拆模后取出管帽再接管。

（4）塑料管直埋于现浇混凝土内，在浇捣混凝土时，应有防止塑料管发生机械损伤的措施。

（5）灰土层内管路暗敷设：灰土层夯实后进行挖管路槽，接着敷设管路，然后在管路上面用混凝土砂浆埋护，厚度不宜小于80mm。

5. 扫管穿带线

对于现浇混凝土结构，如墙、楼板应及时进行扫管，即随拆模随扫管，这样能够及时发现堵管不通现象，便于处理，因为在混凝土未终凝时，修补管路。对于砖混结构墙体，在抹灰前进行扫管，有问题时修改管路，便于土建修复。经过扫管后确认管路畅通，及时穿好带线，并将管口、盒（箱）口堵好，加强成品配管保护，防止出现二次塞管路现象。

3.4.4　现浇顶板内 PVC 管敷设

1. 灯头盒定位

为了保证灯头盒位置的准确，首先应该根据设计图纸要求的灯具的型号，计算出灯头盒位置，如普通座灯头吸顶安装、普通吊线灯安装，灯头盒应该安装在房间的中心。根据计算出的位置在模板上划出位置线，以免发生错误。

2. 灯头盒固定

根据划出的位置线，把灯头盒初步固定在钢筋上，为了施工方便可选用活底盒，盒固定后先打开底板，连接管路，安装盒接头，然后用废纸或其他柔性材料将盒填塞密实，再固定好底板并加强灯头盒的固定。灯头盒必须封堵严密，以免灰浆渗入造成管路堵塞。

3. 管路敷设

管路必须敷设在上下层钢筋之间，与钢筋绑扎固定。根据去向的不同，可以分为三种情况：第一种是从楼面内向上层引出的管路；第二种是从顶板向下引的管路，如向非承重隔墙板引出的开关管路；第三种是只在现浇顶板内敷设的管路。

（1）对于从楼地面向上层引出的管路，必须保证在上层墙体位置线内引出，可以参照土建梁或墙体的钢筋位置，注意向上部分管路不要跨越轴线而形成交叉，以免给后续施工带来不必要的麻烦。向上的管路在引出位置应固定一根不小于 $\phi 8mm$ 的钢筋，用以固定位置和保护管路不受外力损伤折断。管口必须封堵严密，可以采用管堵封堵。在土建楼层放线后及时检查，对超出墙体线的管路，要及时进行处理，如果是根部超出，必须进行剔凿然后重新接管，如果是上部超出墙体线只需将其扳正，但要注意不能用力过猛，避免管路折断或变形。

（2）对于从顶板向下引的管路，为了不给土建模板造成较大的损害，可在引下管的管口处先连接好套管，套管的外端先堵好，并与土建模板接触紧密，拆模后取出堵塞物，连接引下管。

（3）对于只在现浇顶板内敷设的管路首先应该截取长度适当的管路，把管路一端与盒接头连接，并将盒接头与灯头盒固定，然后连接另一端。连接后把管路与钢筋绑扎固定。

4. 管路与灯头盒的连接

使用配套的盒接头和胶粘剂。首先根据两个灯头盒位置，截取适当长度的管路，长度不够时可以连接使用。按照上面套管与管路连接的办法，把盒接头的一端与管路连接，把盒接头的另一端插入盒内，并用配套的锁母固定。安装另一端的灯头盒时，盒接头安装后，可将管路或灯头盒稍撬起后，插入并用配套的锁母固定。

3.4.5 砌体内 PVC 管敷设

1. 预留盒（箱）位置

根据设计图纸要求在配电箱的位置处预留一个比箱体尺寸大的洞口，一般可要求左右各大 50～100mm，上下各大 150～200mm。对于接线盒或开关插座盒，留洞尺寸可定为 150mm×250mm。管路进洞尺寸不超过洞口的 1/2 以利于以后的盒（箱）安装。

2. 敷设管路

砌体内 PVC 管敷设分两种情况：第一种是从楼地面内引出的管路；第二种是从墙上盒（箱）向外引的管路。

（1）对于从楼地面内引出的管路，为了保证管路位置准确，在楼地面混凝土浇筑时要派电工值班，发现问题及时纠正。在土建楼层放线完成后及时检查，对超出墙体线的管路，要及时进行处理，如果是根部超出，必须进行剔凿然后重新接管，如果是上部超出墙体线只需将其扳正，但要注意不能用力过猛，避免造成管路折断或变形。

（2）对于从墙上盒（箱）向外引的管路，应在砌体到留洞位置时及时让瓦工预留洞口，洞口两侧埋入两根钢筋，作为以后固定管路用，在洞口的上沿第一批砌块砌筑时放好管路，使用预埋的钢筋固定。管路应敷设在墙中间位置。

3. 管路与盒（箱）的连接

管路与盒（箱）的连接应在土建对＋0.5m水平控制线进行核查后，配合盒（箱）的安装同时进行，使用配套的盒接头和胶粘剂。首先测定盒（箱）位置，根据其位置截取适当长度的管路，如果原来管路长度不够时，可采取接短管的办法，使其长度满足使用要求。按照上面套管与管路连接的办法，把盒接头与各管路连接，把盒接头的另一端插入盒（箱），并用配套的锁母固定，然后把盒（箱）固定在合适的位置。

3.4.6 预制楼板内 PVC 管敷设

1. 灯头盒定位

为了保证灯头盒位置的准确，首先应该根据设计图纸要求的灯具的型号，计算出灯头盒位置，如普通座灯头吸顶安装、普通吊线灯安装，灯头盒应该安装在房间的中心，而日光灯的灯头盒放在与日光灯平行的中心线上。根据计算出的位置在预制圆孔板上划出位置线，以免发生错误。

2. 灯头盒洞剔凿

根据划出的位置线，在预制圆孔板上剔洞，注意剔洞时绝不允许剔凿板肋或伤及钢筋，只能剔凿板洞。

3. 敷设管路

分灯位在圆孔板上和现浇板缝两种情况。考虑到 PVC 管的刚性，应尽量避免将 PVC 管穿板洞，最好将灯位安排在板缝位置。

（1）灯位在圆孔板上：到灯位的管路安装盒接头后，可以从圆孔板的一端板洞穿入，在灯头盒洞口先安放一个灯头盒，并将管与盒连接。具体做法见下面管与盒连接部分。

（2）灯位在现浇板缝：管路需要敷设在现浇带或现浇板内时，必须敷设在上下层钢筋之间，与钢筋绑扎固定。管路与灯头盒用盒接头固定。把灯头盒初步固定在钢筋上，为了施工方便可选用活底盒，盒固定后先打开底板，连接管路，安装盒接头，然后用废纸或其他柔性材料将盒填塞密实，再固定好底板并加强灯头盒的固定。灯头盒必须封堵严密，以免灰浆渗入造成管路堵塞。

4. 安装并固定灯头盒

对圆孔板上的灯头盒，从板下面安装。等所有进盒管路敷设后，可以固定灯头盒。用高强度等级水泥砂浆固定，盒口与顶板平齐，砂浆凹进顶板 5～10mm 以便瓦工修补。

5. 管路与灯头盒的连接

使用配套的盒接头和粘合剂。首先根据面套管与管路连接的办法，把盒接头的一端与管路连接，把盒接头的另一端插入盒内，并用配套的锁母固定。

3.5 管内穿线、导线连接

3.5.1 管内穿线

1. 清扫线管

电线穿管前，应先清除管内的积水和杂物。有利于管内清洁干燥，防止降低电线绝缘强度，方便日后维修和更换电线，否则会引起管内生锈或电线间粘连。

将布条的两端牢固的绑扎在带线上，从管的一端拉向另一端，将管内杂物排出。

2. 穿带线

穿带线的目的是检查管路的通畅和作为电线的牵引线，先将钢丝或铁丝的一端馈头弯曲，圆头向着穿线方向，将钢丝或铁丝穿入管内，边穿边将钢丝或铁丝顺直。如不能一次穿过，再从另一端以同样的方法将钢丝或铁丝穿入。

根据穿入的长度判断两头碰头后，再搅动钢丝或铁丝。当钢丝或铁丝头绞在一起后，再抽出一端，将管路穿通。

（1）带线一般采用 $\phi 1.2 \sim \phi 2.0$ 的铁丝。先将铁丝的一端弯成不封口的圆圈，再利用穿线器将带线穿入管路内，在管路的两端均应留有 30～50cm 的余量。

（2）在管路较长或转弯较多时，可以在敷设管路的同时将带线一并穿好。

（3）穿带线受阻时，应用两根铁丝在两端同时搅动，使两根铁丝的端头互相钩绞在一起，然后将带线拉出。

（4）将布条的两端牢固地绑扎在带线上，两人来回拉动带线，将管内杂物清净；最后换新布条拉出后干净为符合要求。

3. 放线及断线

（1）放线前应根据施工图对导线的规格、型号进行核对，并用对应电压等级的摇表进行通断摇测。

（2）放线时导线应置于放线架上。

（3）剪断导线时，导线的预留长度：接线盒、开关盒、插座盒及灯头盒内的导线的预留长度为 150mm；配电箱内导线的预留长度应为配电箱体周长的 1/2；出户导线的预留长度应为 1.5m。

4. 管内穿线

（1）电线穿入钢导管的管口在穿线前应装设护线口；对不进入盒（箱）的管口，穿入电线后应将管口密封。

（2）管路较长、弯曲较多穿线困难时，可向管内吹入适量的滑石粉润滑。两人穿线时应配合协议好，一拉一送。

（3）导线连接：单股铜导线一般采用 LC 安全型压线帽连接，将导线绝缘层剥去 10～12mm，清除氧化物，按规格选用适当的压线帽，将线芯插入压线帽的压接管内，若填充不实可将线芯折回头，充满为止。线芯插到底后，导线绝缘应和压接管平齐，并包在帽壳内，用专用压接钳压实即可。

当导线根数较少时，例如 2～3 根导线，可将导线前端的绝缘层削去，然后将线芯与带线绑扎牢固，使绑扎处形成一个平滑的锥形过渡部位。

当导线根数较多或导线截面较大时，可将导线前端绝缘层削去，然后将线芯错位排列在带线上，用绑线绑扎牢固，不要将线头做得过粗过大，应使绑扎接头处形成一个平滑的锥形接头，减少穿管时的阻力，以便于穿线，如图 3-18 所示。

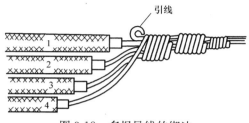

图 3-18 多根导线的绑法

（4）不同电压等级和交流与直流线路的电线不应穿于同一导管内。除下列情况外，不同回路的电线不宜穿于同一导管内：

1）额定工作电压 50V 及以下的回路。

2）同一设备或同一联动系统设备的主回路和无抗干扰要求的控制回路。

3）同一个照明器具的几个回路。

（5）三相或单相的交流单芯线，不得单独穿于钢导管内。

（6）管内电线的总截面面积（包括外护层）不应大于导管内截面面积的 40%，且电线总数不宜多于 8 根。

（7）导线在变形缝处，补偿装置应活动自如，导线应留有一定的余量。

（8）敷设于垂直管路中的导线，当超过下列长度时，应在管口处和接线盒中加以固定：截面为 50mm² 及以下的导线为 30m；截面为 70~95mm² 及以下的导线为 20m；截面为 120~240mm² 及以下的导线为 18m。

3.5.2 导线连接

1. 剥削线芯绝缘层

剥削线芯绝缘常用工具有电工刀、克丝钳和剥皮钳，一般

4mm^2 以下的导线原则上使用剥皮钳，但使用电工刀时，不允许采用刀在导线周围转圈剥削绝缘层的方法以免破坏线芯。剥削线芯绝缘的方法，如图 3-19 所示。

（1）单层剥法：适用于剥切硬塑料线和软塑料线的绝缘层，不允许采用电工刀转圈剥削绝缘层，应使用剥削钳。

（2）分段剥法：一般适用于多层绝缘导线剥削，如橡皮绝缘线、塑料护套线和铅包线等，用电工刀先削去外层编织层，并留有 12mm 的绝缘层，线芯长度随接线方法和要求的机械强度而定。

（3）斜削法：用电工刀以 45°倾斜切入绝缘层，当切近线芯时就应停止用力，接着应使刀子倾斜角度为 15°左右，沿着线芯表面向前头端部推出，然后把残存的绝缘层剥离线芯，用刀口插入背部以 45°角削断。

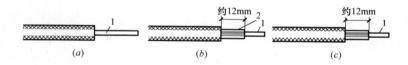

图 3-19　剥削线芯绝缘的方法
（a）单层剥法；（b）分段剥法；（c）斜削法
1—导体；2—橡皮

2. 铜导线的连接

单股铜导线可以采用绞接和绑接两种连接方法。对于截面较小的单股铜导线（如 6mm^2 以下），一般用绞接连接；截面在 6mm^2 以上的，则常采用绑接法连接。

单芯铜导线的直接连接，可参照图 3-20 所示处理，所有铜导线连接后均应挂锡，防止氧化，增加导电率。

多股铜导线一般采用绞接连接的方法，可分为直线绞接连接和分支绞接连接。

多芯铜导线的直接连接可参照图 3-21 所示处理，所有多芯

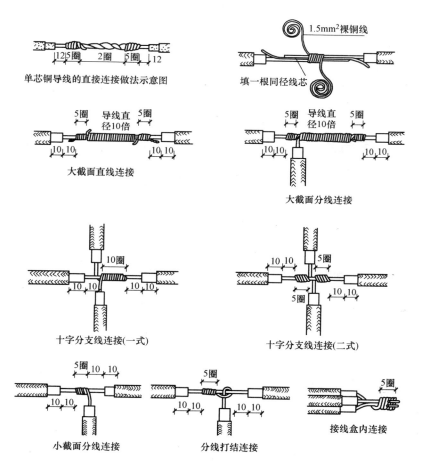

图 3-20　单芯铜导线的连接

铜导线连接应挂锡，防止氧化增加导电率。

3. 铝导线的连接

　　单芯铝导线通常是采用铝套管压接连接，这种连接方法主要适用于 10mm^2 及以下的单股铝导线。铝套管的截面有圆形和椭圆形两种，不同截面形状的套管其压接形式也有所不同。压接前，先将要连接的两根导线线芯表面及铝套管内壁氧化膜去掉，

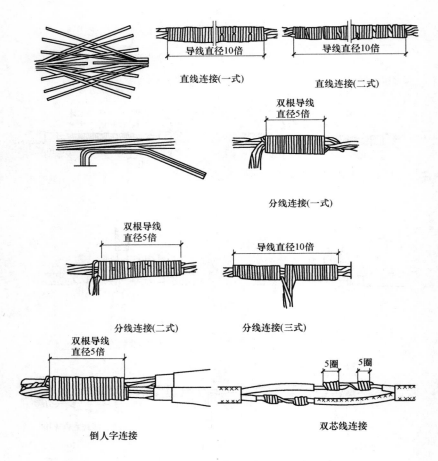

直线连接(一式)　　导线直径10倍

直线连接(二式)　　导线直径10倍

分线连接(一式)　　双根导线直径5倍

分线连接(二式)　　双根导线直径5倍

分线连接(三式)　　导线直径10倍

倒人字连接　　双根导线直径5倍

双芯线连接　　5圈　5圈

图 3-21　多芯铜导线的连接

再涂上一层中性凡士林油膏。若铝套管为圆形时，将两线芯插到铝套管中心，然后用压接钳在铝套管一侧进行压接。压接后的情况，如图 3-22 所示。若铝套管为椭圆形时，应将两线线芯端部各伸出铝套管两端 4mm，然后用压接钳上下交替压接。无论采用圆形还是椭圆形的铝套管，压接时均应使所有压坑的中心线处在同一条直线上。

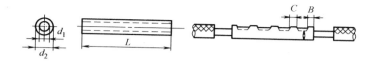

图 3-22　圆形铝套管及压接规格

　　单芯、多芯铝线在接线盒内的连接，可采用套管压接以及焊接。铝导线焊接前将铝导线线芯破开顺直合拢，用绑线把连接处做临时绑缠。导线绝缘层处用浸过水的石棉绳包好，以防烧坏。导线焊好后呈蘑菇状。

4. 接线端子压接

　　多股导线可采用与导线同材质且规格相应的接线端子。削去导线的绝缘层，不要碰伤线芯，清除套管，接线端子孔内的氧化膜，涂导电脂将线芯插入，用压接钳压紧，导线外露部分应小于1～2mm。

　　（1）单芯线连接：单芯线连接时，用螺钉或螺帽压接时，导线要顺着螺钉旋进的方法紧绕一周后再旋紧（反方向旋绕在螺钉上，旋紧时导线会松出），现场施工中最好的手法是将导线绝缘层剥落后，芯线顺着螺钉的旋紧的方向紧绕一周，再旋紧螺钉，用手捏住导线头部（全线长度不宜小于40～60mm），顺时针方向旋转。

　　（2）多股铜芯软线与螺钉连接，先将软线芯线做成羊眼圈状，挂锡后与螺钉固定。还可将导线芯线挂锡后将芯线顺着螺钉的方向紧绕一周，再围绕住芯线根部绕将近一周后，拧紧螺钉。

　　（3）导线与针孔式接线桩连接：把要连接的线芯插入接线桩针孔内，导线裸露出针孔1～2mm，针孔大于导线直径1倍时需要折回头插入压接，如图3-23所示。

　　如果针孔较大时，还可以在连接单芯线的针孔内垫铜皮或在多股线芯线上缠绕一层导线以扩大芯线直径，使芯线与针孔直径相适应，如图3-24所示。

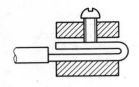 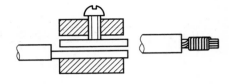

图 3-23　用螺钉顶
　　　压的连接方法

图 3-24　针孔过大的连接方法

5. 导线包扎

导线连接后，要包扎绝缘带恢复线路绝缘。首先用橡胶绝缘带从导线接头处始端的完好绝缘层开始，缠绕 1～2 个绝缘带宽度，以半幅宽度重叠进行缠绕，在包扎过程中应可能收紧绝缘带。最后在绝缘层上缠绕 1～2 圈，在进行回缠。采用橡胶绝缘带包扎时，应将其拉长 2 倍后再进行缠绕。然后用黑胶布包扎，包扎时要衔接好，以半幅宽度边压边进行缠绕，同时在包扎过程中收紧胶布，导线接头处两端应用黑胶布封严。

3.6　金属及非金属线槽敷设、敷线

3.6.1　金属线槽敷设、敷线

1. 弹线定位

根据设计图确定出进户线、盒（箱）、柜等电气器具的安装位置，从始端预埋吊杆、吊架等。

2. 线槽敷设安装

（1）线槽的转角、分支、终端以及与箱柜的连接处等宜采用专用部件。

（2）线槽敷设应连续无间断，沿墙敷设每节线槽直线段固定点不应少于 2 个，在转角、分支处和端部均应有固定点；线槽在吊架或支架上敷设，直线段支架间间距不应大于 2m，线槽的接头、端部及接线盒和转角处均应设置支架或吊架，且离其边缘的距离不应大于 0.5m。

（3）线槽的连接处不应设置在墙体或楼板内。

（4）线槽的接口应平直、严密，槽盖应齐全、平整、无翘角；连接或固定用的螺钉或其他紧固件，均应由内向外穿越，螺母在外侧。

线槽的分支接口或与箱柜接口的连接端应设置在便于人员操作的位置。

（5）线槽敷设应平直整齐；水平或垂直敷设时，塑料线槽的水平或垂直偏差均不应大于 5‰，金属线槽的水平或垂直偏差均不应大于 2‰，且全长均不应大于 20mm。

（6）金属线槽应接地可靠，且不得作为其他设备接地的接续导体，线槽全长不应少于 2 处与接地保护干线相连接。全长大于 30m 时，应每隔 20～30m 增加与接地保护干线的连接点；线槽的起始端和终点端均应可靠接地。

（7）非镀锌线槽连接板的两端应跨接铜芯软线接地线，接地线截面面积不应小于 4mm²，镀锌线槽可不跨接接地线，其连接板的螺栓应有防松螺帽或垫圈。

（8）金属线槽与各种管道平行或交叉敷设时，其相互间最小距离应符合设计和规范的规定。

（9）线槽直线段敷设长度大于 30m 时，应设置伸缩补偿装置或其他温度补偿装置。

3. 放线

放线前应先检查管与线槽连接处的护口是否齐全，导线和保护地线的选择是否符合设计要求，管进入盒时内外螺母是否锁紧，确认无误后放线。导线应放在放线盘或放线架上，放线应有专人监护，不应出现挤压、背扣、扭接、损伤等现象。

在同一线槽内的导线截面积总和应该不超过内部截面的 40%，线槽底向下配线时，应将分支导线分别用尼龙绑带绑扎成束，并固定在线槽底板下，以防导线下坠。绑扎导线时，应用尼龙扎带，不允许用金属丝进行绑扎。

不同电压、不同回路、不同频率的导线应加隔板放在同一线槽内。但可直接放在同一线槽内的线路有：电压在 65V 及以下；同一设备或同一流水线的动力和控制回路；照明花灯的所有回路；三相四线制的照明回路。

导线较多时，除采用导线外皮颜色区分相序外，也可利用在导线端头和转弯处做标记的方法来区分。在穿越建筑物的变形缝时，导线应留有补偿余量。接线盒内的导线预留长度不应超过 15cm；盘、箱内的导线预留长度应为其周长的 1/2。

从室外引入室内的导线，穿过墙外的一段应采用橡胶绝缘导线，不允许采用塑料绝缘导线。穿墙保护管的外侧应有防水措施。

4. 接地跨接线安装

金属线槽的所有非导电部分的铁件均应相互连接，使之线槽本身有良好的电气连接性，并和楼内的接地干线连接成一体。非镀锌线槽连接板的两端应跨接铜芯接地线，镀锌线槽间连接板的两端不需跨接接地线，但连接板两端不应少于 2 个有防松垫圈的连接固定螺栓。线槽在变形缝补偿装置处应用导线搭接，使之成为一连续导体。金属线槽不得熔焊跨接接地线。

金属线槽应做好整体接地。但金属线槽由于钢板厚度较薄，不应作为设备的接地导体。当设计无要求时金属线槽全长应不少于 2 处与保护线（PE）或中性保护共用线（PEN）的干线连接，且必须连接可靠。

3.6.2 塑料线槽敷设、敷线

1. 弹线定位

按设计图确定进户线、盒（箱）等电气器具固定点的位置，从始端至终端（先干线后支线）找好水平或垂直线，用粉线袋在线路中心弹线，分匀档，用电锤打孔，然后再埋入塑料胀管。用电锤打孔时不应弄脏建筑物表面。

2. 塑料线槽固定

混凝土墙、砖墙可采用塑料胀管固定塑料线槽。根据胀管直径和长度选择钻头，在标出的固定点位置上用电锤打孔钻孔，钻孔不应歪斜、豁口，钻孔应垂直，钻好孔后，将孔内残存的杂物清净，用木槌把塑料胀管垂直敲入孔中，并与建筑物表面平齐为准，再将缝隙填实抹平。用半圆头木螺钉加垫圈将线槽底板固定在塑料胀管上，紧贴建筑物表面。应先固定两端，再固定中间，同时找正线槽底板，应横平竖直，并沿建筑物形状表面进行敷设。

3. 槽内放线

放线前应清扫线槽，可用布清除槽内的污物，使线槽内外清洁。放线应按着先干线，后支线的顺序进行，并在导线两端做好标记。不应出现挤压背扣、纽结、损伤导线等现象。

3.7 钢索配线

钢索配线是借助钢索的支持，在钢索上吊装瓷瓶配线、钢管配线、硬塑料管配线或塑料护套线配线，同时灯具也吊装在钢索上的一种配线方式。适用于工业厂房和室外景观照明等场所使用。钢索配线按所使用的绝缘导线和固定方式不同，可分为钢索吊管配线和钢索塑料护套线配线。其中钢索吊管配线，又分为钢索吊钢导管配线和钢索吊刚性绝缘导管配线。

3.7.1 钢索安装

1. 安装准备

(1) 根据施工图要求确定出固定点的位置，弹出粉线，均匀分出档距，并用色涂料标注出明显的标记。

(2) 预埋铁件。预埋件的几何尺寸应符合设计要求。但不应小于 120mm×60mm×6mm，焊在铁件上的锚固钢筋其直径不应小于 8mm，尾部要弯成燕尾状。

（3）根据施工图设计要求尺寸加工好预留洞口的框架及其抱箍、支架、吊架、吊钩、耳环、固定卡子等镀锌铁件。非镀锌铁件应进行除锈再做防腐处理。

（4）钢索（镀锌钢绞线或圆钢）按实际所需长度剪切、除油污，预先拉直，以减少其伸长率。

（5）根据设计施工图标注的尺寸、位置，在土建施工过程配合结构施工将预埋件埋设固定准确，并留好孔洞（孔洞的尺寸、形状等）。

（6）将组装在结构上的抱箍支架固定好，将心形环穿套在耳环和花篮螺栓上用于吊装钢索。固定好的支架可作为线路的始端、中间点和终端。终端拉环应牢固可靠，并应承受全部负载下的拉力。

2. 钢索安装

钢索配线绝缘导线至地面的最小距离，在室内时不应小于2.5m。钢索配线敷设导线及安装灯具后，钢索的弛度不应大于100mm，如不能达到时，应增加中间吊钩。

钢索的两端需要拉紧固定，在中间也需要进行固定。为保证钢索张力不大于钢索允许应力，固定点的间距不应大于12m，中间吊钩宜使用圆钢，圆钢直径不应小于8mm。为了防止钢索受外界干扰的影响发生跳脱现象，造成钢索张力加大，导致钢索拉断，吊钩的深度不应小于20mm，并应设置防止钢索跳出的锁定装置。

固定钢索的支架、吊钩在加工后应镀锌处理或刷防腐漆。在墙体上安装钢索，使用的拉环根据拉力的不同，安装方法也不相同，左右两种拉环及其安装方法，应视现场施工条件选用。拉环应能承受钢索在全部荷载下的拉力。拉环应固定牢固、可靠，防止拉环被拉脱，造成重大事故。

墙上安装钢索应在墙体施工阶段配合土建专业施工预埋DN25的钢管做套管，一式拉环受力按小于或等于3900N考虑，应预留一根套管，二式拉环应预埋两根DN25套管。左侧拉环需在混凝土梁或圈梁施工中进行预埋，如图 3-25 所示。在混凝土柱上安装钢索，采用 $\phi16$ 圆钢抱箍固定终端支架和中间支架。

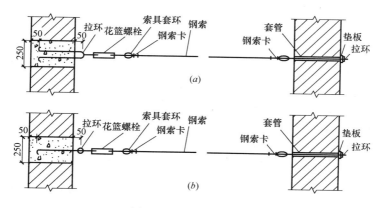

图 3-25　墙上安装钢索
（a）安装做法一；（b）安装做法二

右侧一式拉环在穿入墙体内的套管后，需在靠外的一侧垫上一块 120mm×75mm×5mm 的钢制垫板；右侧二式拉环需垫上一块 250mm×100mm×6mm 垫板。在垫板外每个螺栓处各自用一个垫圈、两个螺栓拧牢固，使能承受钢索在全部负载下的拉力。

在拉环的环形一端在不安装花篮螺栓时，应套好锁具套环（心形环）。钢索在一端固定好后，在另一端拉环上装上花篮螺栓。但花篮螺栓的两端螺杆，均应旋进螺母内，使其保持最大距离，以备进一步调整钢索的弛度。在钢索的另一端用紧线器拉紧钢索。

与花篮螺栓吊环上的系具套环（心形环）相连接，剪断余下的钢索将端头用金属线扎紧。再用钢索卡（钢丝绳轧头）固定不少于两道。紧线器要在花篮螺栓受力后才能取下，花篮螺栓应紧至适当程度。随后用铁线将花篮螺栓绑扎，防止脱钩。

为了防止由于配线而造成钢索漏电，钢索应可靠接地。钢索的一端应与系统中的 PE 线连接可靠，在花篮螺栓处做好跨接接地线。

3.7.2 钢索吊管配线

钢索吊管配线方法是采用扁钢吊卡将钢导管或刚性绝缘导管以及灯具吊装在钢索上。钢索吊管配线，先按设计要求确定好灯具的位置，测量出每段管子的长度，然后加工。使用钢导管时应进行调直，然后切断、套丝、揻弯。使用刚性绝缘导管时，要先煨管、切断，为配管的连接做好准备工作。

1. 钢索吊装金属管

要根据设计要求选择适当规格的金属管、吊灯接线盒以及相应规格的吊卡，在吊装钢导管配管时，应按照先干线后支线的顺序进行，把加工好的管子从始端到终端按顺序连接，管与接线盒的丝扣应拧牢固。将导管逐段用扁钢卡子与钢索固定。扁钢吊卡的安装应垂直，平整牢固，间距均匀，每个灯位接线盒应用 2 个吊卡固定，钢导管上的吊卡距接线盒间的最大距离不应大于 200mm，吊卡之间的间距不应大于 1500mm。当双管并行吊装时，可将两个管吊卡对接起来进行吊装，管与钢索的中心线应在同一平面上。此时灯位处的接线盒应吊 2 个管吊卡与下面的配管吊装。吊装钢导管配管完成后应做整体的接地保护，并应与钢索端部的 PE 或 PEN 线连成一体。管接头两端和接线盒两端的非镀锌钢导管，应用适当的圆钢焊接跨接接地线，并应与接线盒焊接；当使用镀锌钢导管时，应采用接地卡跨接接地线（专用），两卡间连线为截面积不小于 $4mm^2$ 的铜芯软导线。钢索吊装钢导管配线，如图 3-26 所示。

2. 钢索吊装刚性绝缘导管

钢索吊装刚性绝缘导管配管，应根据设计要求选择管材、明配灯位处接线盒以及管接头、管卡头和扁钢吊卡等。配管的吊装方法基本同于钢导管的吊装，在管进入灯位处接线盒时，可以用管卡头连接管与盒，管与管的连接处应使用相应的管接头连接，在连接处管与管接头或管卡头间应使用粘接法进行粘接。扁钢吊卡应固定平整、间距均匀，吊卡距灯位接线盒间最大距离不应大于 150mm，吊卡之间的间距不应大于 1m。

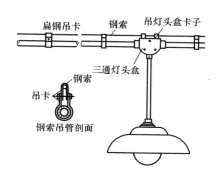

图 3-26　钢索吊装钢导管配线

3. 钢索吊装塑料护套线配线

钢索吊装塑料护套线的配线方式，是采用铝线卡将塑料护套线固定在钢索上，使用塑料接线盒与接线盒安装钢板把照明灯具吊装在钢板上。

在配线时，按设计要求先在钢索上确定好灯位的准确位置，把接线盒的固定钢板吊挂在钢索的灯位处，将塑料接线盒的底部与固定钢板上的安装孔连接牢固。塑料护套线的敷设，可根据线路长短距离，采用不同的敷设方法。

敷设短距离护套线，可测量出两灯具间的距离，留出适当余量，将塑料护套线按段剪断，进行调直然后卷成盘。敷线从一端开始，一只手托线，另一只手用铝线卡将护套线平行卡吊于钢索上；敷设长距离塑料护套线时，将护套线展放并调直后，在钢索两端做临时绑扎，要留足灯具接线盒处导线的余量，长度过长时中间部位也应做临时绑扎，把导线吊起。把铝线卡根据最大距离的要求，把护套线平行卡吊于钢索上。

用铝线卡在钢索上固定护套线，为确保钢索吊装护套线配线固定牢固，应均匀分布线卡间距，线卡距灯头盒间的最大距离为 100mm；线卡之间最大距离为 200mm，线卡间距应均匀一致。敷设后的护套线应紧贴钢索，无垂度、缝隙、扭结、弯曲、损伤。

钢索吊装塑料护套线配线。照明灯具一般使用吊链灯，灯具吊链可用螺栓与接线盒固定钢板下端的螺栓连接固定。当采用双链吊链灯时，另一根吊链可用扁钢吊卡和 M6 螺栓固定，照明灯具软线应与吊链灯吊链交叉编花引下，在塑料护套线接线盒处把导线连接完成后，盖上盒盖并拧严。

3.8 线路检查绝缘摇测

配电线路安装竣工后，应进行一次全系统检查与测试，根据测试数据评定线路安装质量和交付使用的依据。检测内容主要是测量导线的绝缘电阻和相位、接地或接零，以及配线系统通电试运行检验等。并应做好测试记录，该记录是质量控制资料重要组成部分之一。

3.8.1 线路检查

线路的接、焊、包全部完成后，应进行自检和互检；检查导线连接、焊、包是否符合设计要求及有关施工验收规范的规定。不符合规定时应立即纠正，检查无误后再进行绝缘摇测。

3.8.2 绝缘摇测

照明线路的绝缘摇测一般选用 500V，量程为 $0\sim500\mathrm{M}\Omega$ 的兆欧表。

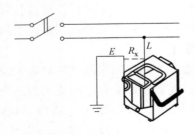

图 3-27 摇表接线图

测量线路绝缘电阻时，兆欧表上有三个分别标有"接地"（E）、"线路"（L）、"保护环"（G）的端钮。可将被测两端分别接于 E 和 L 两个端钮上，如图 3-27 所示。

一般照明绝缘线路绝缘摇测有以下两种情况：

（1）电气器具未安装前进行线路绝缘摇测时，首先将灯头盒内导线分开，开关盒内导线连通。摇测应将干线和支线分开，一人摇测，一人及时读数并记录。摇动速度应保持在 120r/min 左右，读数应采用 1min 后的读数为宜。

（2）电气器具全部安装完在送电前进行摇测时，应先将线路上的开关、刀闸、仪表、设备等用电开关全部置于断开位置，摇测方法同上所述，确认绝缘摇测无误后再进行送电试运行。

4 配电柜、箱（盘）安装

4.1 成套配电柜安装

4.1.1 配电柜安装

1. 定位放线

（1）按图纸要求将柜盘、箱位置，测位找准，定位放线、预埋铁件或螺栓应配合土建进行。墙上安装的开关箱、盘等预埋件或预留洞口应配合土建进行。

（2）定位放线时配电装置的长度大于 6m 时，其柜（屏）盘后通道应设两个出口，低压配电装置两个出口间的距离超过 15m 时尚应增加出口。

2. 基础型钢制作与安装

（1）基础型钢常用角钢或槽钢制作，钢材规格大小的选择应根据设计图或标准图或配电柜的尺寸和重量而定。制作前型钢前应矫平、调直，清除铁锈，然后根据施工图纸及设备图纸尺寸下料和钻孔。加工好的基础型钢，进行防锈处理。

（2）按施工图所标位置，将加工好的基础型钢架放在预埋铁件上，用水准仪或水平尺找平、找正，找平过程中，需用垫铁的部位每处不能多于三片。找平、找正后，用电焊将基础型钢架、预埋铁件及垫铁焊牢在一起。

（3）用底板固定型钢可采用焊接的方法，如图 4-1。焊接时应注意型钢变型，宜先采用点焊，然后再满焊牢固。

（4）型钢根据柜、盘数量以及型钢的长短设置固定点，一般为 800～1200mm 应设置一个固定点，两端 100～200mm 处应设固定点。

（5）采用预埋开角螺栓固定应将型钢按预留螺栓间距、测位、划线、定位，用电钻在型钢上开孔，进行安装，安装用水平尺找平，不平时应用垫铁找平，垫铁应设在固定点两侧，然后固定。采用地平预留洞口的方式，可先将型钢按固定点用电钻在型钢上开孔，将开角螺栓提前临时固定在型钢上，基础型钢与开角螺栓找平、找正后同时配合浇筑混凝土，待混凝土强度达到要求后，进行调整固定，如图 4-2 所示。

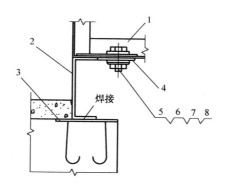

图 4-1　底板固定型钢安装开关柜示意图

1—高低开关柜；2—底座槽钢；3—底板；4—扁钢；5—螺栓；

6—螺母；7—垫圈；8—放松垫圈

（6）采用膨胀螺栓固定适用于混凝土上的型钢和柜、盘的直接固定及混凝土、砖墙上配电箱、盘的固定。

（7）在变配电室（间），基础型钢安装后，其顶部应高出地坪 10mm，车间或与设备配套的基础型钢应高出地平 50～100mm，手车式配电柜应与地平齐平。

与设备配套的配电柜、盘、基础型钢也可直接在地平上安装。

基础型钢应有明显可靠的接地，应从接地装置直接引至基础型钢，以保证设备可靠接地；在焊缝处做防腐处理。接地线宜选

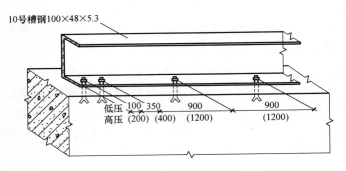

图 4-2 用开角螺栓固定型钢安装开关柜示意图

用不小于 120mm² 的扁钢和圆钢，扁钢厚度不小于 4mm。变配电室基础型钢接地不得小于 2 处，宜设在两端可采用焊接，扁钢焊接应为扁钢宽度的两倍，应不小于三个棱边，圆钢焊接应为圆钢直径的 6 倍，应两侧满焊。

3. 配电柜搬运

（1）配电柜由生产厂家或仓储地点至施工现场的运输，一般采用汽车结合汽车吊的方式；在施工现场运输时，根据现场的环境、道路的长短，可采用液压叉车、人力平板车或钢板滚杠运输，垂直运输可采用卷扬机结合滑轮的方式。

（2）设备运输前，需对现场情况进行检查，确定是否需搭设运输平台和垂直吊装平台。

（3）设备运输须由起重工作业，电工配合进行。

（4）配电柜运输、吊装时注意事项：

1）对体积较大的配电柜在搬运过程中，应采取防倒措施，同时避免发生碰撞和剧烈振动，以免损坏设备。

2）运输平台、吊装平台搭设完毕，需经安全管理人员检查合格后，方可使用。

3）配电柜顶部有吊环者，吊索应穿在吊环内，无吊环者吊索应挂在四角主要承力结构处，不得将吊索吊在配电柜部件上。吊索的绳长应一致，以防柜体变形或损坏部件。

4. 成排柜、盘就位组装

（1）在距柜、盘顶部和底部 200mm 处，拉两条基准线。

（2）将柜、盘按图纸排列顺序比照基准线逐个排列。可以从左向右，也可从右向左，还可从中间向两侧开始。

（3）首先调整第一面柜，平面和侧面进行调直，保证平整和垂直度，柜、盘与基础型钢之间的调整宜采用开口钢垫板。找正找平。钢垫板可采用 40mm×40mm，厚度为 0.5～1mm，扁钢制作，开口应插入柜、盘的固定螺栓内，钢垫板每处不应超过 3 片。

（4）柜、盘找平、找正后应固定，采用螺栓固定或螺栓压板固定，不得采用焊接。

（5）固定一个盘后，依次固定其他柜、盘体，柜、盘体与两侧挡板均应采用螺栓连接，固定应牢固。

（6）柜、盘组装完成后，应进行复检是否达到规范和设计要求，如个别处达不到应进行调整，直至合格为准。

（7）柜、盘安装在震动场所，应采取防震措施，应加弹性垫或橡胶垫。设计有要求，按设计要求安装。

（8）端子箱安装应牢固，封闭良好，安装位置应便于检查；成列安装时，应排列整齐。

5. 柜、盘安装

（1）盘、柜安装在震动场所，应按设计要求采取防震措施。

（2）盘、柜及盘、柜内设备与各构件间连接应牢固。主控制盘、继电保护盘和自动装置盘等不宜与基础型钢焊死。

（3）端子箱安装应牢固，封闭良好，并应能防潮、防尘。安装的位置应便于检查；成列安装时，应排列整齐。

（4）盘、柜、台、箱的接地应牢固良好。装有电器的可开启的门，应以裸铜软线与接地的金属构架可靠地连接。

成套柜应装有供检修用的接地装置。

（5）成套柜的安装要求：

1）机械闭锁、电气闭锁应动作准确、可靠。

2）动触头与静触头的中心线应一致，触头接触紧密。

3）二次回路辅助开关的切换接点应动作准确，接触可靠。

4）柜内照明齐全。

（6）抽屉式配电柜的附加安装要求

1）抽屉推拉应灵活轻便，无卡阻、碰撞现象，抽屉应能互换。

2）抽屉的机械连锁或电气连锁装置应动作正确可靠，断路器分闸后，隔离触头才能分开。

3）抽屉与柜体间的二次回路连接插件应接触良好。

4）抽屉与柜体间的接触及柜体、框架的接地应良好。

（7）手车式柜的附加安装要求

1）检查防止电气误操作的"五防"装置齐全，并动作灵活可靠。

2）手车推拉应灵活轻便，无卡阻、碰撞现象，相同型号的手车应能互换。

3）手车推入工作位置后，动触头顶部与静触头底部的间隙应符合产品要求。

4）手车和柜体间的二次回路连接插件应接触良好。

5）安全隔离板应开启灵活，随手车的进出而相应动作。

6）柜内控制电缆的位置不应妨碍手车的进出，并应牢固。

7）手车与柜体间的接地触头应接触紧密，当手车推入柜内时，其接地触头应比主触头先接触，拉出时接地触头比主触头后断开。

（8）盘、柜的漆层应完整，无损伤。固定电器的支架等应刷漆。安装于同一室内且经常监视的盘、柜，其盘面颜色宜和谐一致。

6. 柜、盘的电器安装

（1）电器的安装要求

1）电器元件质量良好，型号、规格应符合设计要求，外观应完好，且附件齐全，排列整齐，固定牢固，密封良好。

2）各电器应能单独拆装更换而不应影响其他电器及导线束的固定。

3）发热元件宜安装在散热良好的地方，两个发热元件之间的连线应采用耐热导线或裸铜线套瓷管。

4）熔断器的熔体规格、自动开关的整定值应符合设计要求。

5）切换压板应接触良好，相邻压板间应有足够安全距离，切换时不应碰及相邻的压板；对于一端带电的切换压板，应使在压板断开情况下，活动端不带电。

6）信号回路的信号灯、光字牌、电铃、电笛、事故电钟等应显示准确，工作可靠。

7）盘上装有装置性设备或其他有接地要求的电器，其外壳应可靠接地。

8）带有照明的封闭式盘、柜应保证照明完好。

（2）端子排的安装要求

1）端子排应无损坏，固定牢固，绝缘良好。

2）端子应有序号，端子排应便于更换且接线方便；离地高度宜大于350mm。

3）回路电压超过400V者，端子板应有足够的绝缘并涂以红色标志。

4）强、弱电端子宜分开布置；当有困难时，应有明显标志并设空端子隔开或设加强绝缘的隔板。

5）正、负电源之间以及经常带电的正电源与合闸或跳闸回路之间，宜以一个空端子隔开。

6）电流回路应经过试验端子，其他需断开的回路宜经特殊端子或试验端子。试验端子应接触良好。

7）潮湿环境宜采用防潮端子。

8）接线端子应与导线截面匹配，不应使用小端子配大截面导线。

（3）二次回路的连接件均应采用铜质制品；绝缘件应采用自熄性阻燃材料。

（4）盘、柜的正面及背面各电器、端子牌等应标明编号、名称、用途及操作位置，其标明的字迹应清晰、工整，且不易脱色。

（5）盘、柜上的小母线应采用直径不小于 6mm 的铜棒或铜管，小母线两侧应有标明其代号或名称的绝缘标志牌，字迹应清晰、工整，且不易脱色。

7. 柜、盘内二次回路结线

（1）按图施工，接线正确；导线与电气元件间采用螺栓连接、插接、焊接或压接等，均应牢固可靠；盘、柜内的导线不应有接头，导线芯线应无损伤。为保证导线无损伤，配线时宜使用与导线规格相对应的剥线钳剥掉导线的绝缘。螺丝连接时，弯线方向应与螺丝前进的方向一致。

（2）电缆芯线和所配导线的端部均应标明其回路编号，编号应正确，字迹清晰且不易脱色；配线应整齐、清晰、美观，导线绝缘应良好，无损伤。线路标号常采用异型管，用英文打字机打上字再烘烤，或采用烫号机烫号。这样字迹清晰工整，不易脱色。或采用编号笔用编号剂书写，效果也较好。在剥掉绝缘层的导线端部套上标志管，导线顺时针方向弯成内径端子接线螺钉外径大 0.5～1mm 的圆圈；多股导线应先拧紧、挂锡、线头应套标志头、煨圈，线头弯曲方向应与螺丝扭紧方向一致并卡入梅花垫，或采用压接线鼻子，禁止直接插入。

（3）每个接线端子的每侧接线宜为 1 根，不得超过 2 根。对于插接式端子，不同截面的两根导线不得接在同一端子上；对于螺栓连接端子，当接两根导线时，中间应加平垫片。导线端部剥切长度为插接端子的长度，不应将导线绝缘层插入，以免造成接触不良，也不应插入过少，以致掉落，每个接线端子的一端，接线不得超过 2 根。

（4）盘、柜内的配线电流回路应采用电压不低于 500V 的铜芯绝缘导线，其截面不应小于 2.5mm^2；其他回路截面不应小于 1.5mm^2；对电子元件回路、弱电回路采用锡焊连接时，在满足

载流量和电压降及有足够机械强度的情况下，可采用不小于
0.5mm² 截面的绝缘导线。

8. 柜、盘内外接线

（1）引入柜盘内的电缆应排列整齐，编号清晰，避免交叉，并应固定牢固，不得使所接端子排受到机械应力。

（2）铠装电缆在进入柜、盘后，应将钢带切断，切断处的端部应扎紧，并应将钢带接地。

（3）使用于静态保护、控制等逻辑回路的控制电缆，应采用屏蔽电缆；其屏蔽层应按设计要求的接地方式进行接地。

（4）橡胶绝缘的芯线应用外套绝缘管保护。

（5）柜盘内的电缆芯线，应按垂直或水平有规律地配置，不得任意歪斜交叉连接，备用芯线长度应留有适当余量。

（6）强、弱电回路不应使用同一根电缆，并应分别成束分开排列。

（7）直流回路中具有水银接点的电器，电源正极应接到水银侧接点的一端。

（8）在油污环境，应采用耐油的绝缘导线，在日光直射环境，橡胶和塑料绝缘导线应采取防护措施。

4.1.2 试验、调整与送电

1. 柜、盘试验调整

高低开关柜、盘的试验调整，应由专业技术人员和技术工人进行，根据设计提供的技术数据，并应满足国家规范和当地电业部门提出的要求和技术参数进行试验调整。

绝缘电阻测试：对柜、盘的线路一、二次设备进行绝缘电阻测试，测量绝缘电阻时，采用兆欧表的电压等级。

测试绝缘前应检查配电装置内不同电源的馈线间或馈线两侧的相位应一致；并应与电源侧一致，保证系统相序一致。

（1）配电柜的调整。

1）调整配电柜机械连锁，重点检查防止误操作功能，应符

合产品安装使用技术说明书的规定。

2）二次控制线调整：将所有的接线端子螺丝再紧一次；用兆欧表测试配电柜间线路的相间和相对地间绝缘电阻值，馈电线路必须大于 0.5MΩ，二次回路必须大于 1MΩ，二次线回路如有晶体管、集成电路、电子元件时，该部位的检查不得使用兆欧表，应使用万用表测试回路接线是否正确。

3）模拟试验：将柜（台）内的控制、操作电源回路熔断器上端相线拆掉，将临时电源线压接在熔断器上端，接通临时控制电源和操作电源。按图纸要求，分别模拟试验控制、连锁、继电保护和信号动作，应正确无误，灵敏可靠；音响信号指示正确。

（2）配电柜的试验。

1）高压试验：高压试验应由具有资质的试验单位进行，试验标准应符合现行国家标准《电气装置安装工程　电气设备交接试验标准》GB 50150—2016 的规定，以及当地供电部门的相关规定和产品技术文件中的产品特性要求。主要试验包括：柜内母线的绝缘、耐压试验、PT、CT 柜的变比、极性试验、开关及避雷器试验等。

2）定值整定：定值整定工作应由供电部门完成，定值严格按供电部门的定值计算书输入。对于继电器控制的配电柜，分别对电流继电器、时间继电器定值进行调整；对于微机操作的配电柜直接将各参数输入至各配电柜控制单元。

2. 电气设备耐压试验

（1）交流耐压试验时加至试验标准电压后的持续时间，无特殊说明，应为 1min。

（2）二次回路交流耐压试验，应符合下列规定。

1）试验电压为 1000V。当回路绝缘电阻值在 10MΩ 以上时，可采用 2500V 兆欧表代替，试验持续时间为 1min。

2）48V 及以下回路可不做交流耐压试验。

3）回路中有电子元器件设备的，试验时应将插件拔出或将其两端短接。

注：二次回路是指电气设备的操作、保护、测量、信号等回路及其回路中的操动机构的线圈、接触器、继电器、仪表、互感器二次绕组等。

（3）1kV 及以下配电装置的交流耐压试验，应符合下述规定：

试验电压为 1000V。当回路绝缘电阻值在 10MΩ 以上时，可采用 2500V 兆欧表代替，试验持续时间为 1min。

（4）柜、盘的工程仪表，各种继电器，合闸装置、联动、连锁装置的试验调整，应按设计和设备出厂及当地电业部门的规定进行调整试验，以保证设备的安全运行。

3. 接地或接零检查

（1）逐一复查各接地处选点是否正确，接触是否牢固可靠，是否正确无误地连接到接地网上。

1）设备的可接近裸露导体接地或接零连接完成。

2）接地点应与接地网连接，不可将设备的机身或电机的外壳代地使用。

3）各设备接地点应接触良好，牢固可靠且标志明显。要接在专为接地而设的螺栓上，不可用管卡子等附属物为接地点。

4）接地线路走向合理，不要置于易碰伤和砸断之处。

5）禁止用一根导线做各处的串联接地。

6）不允许将一部分电气设备金属外壳采用保护接地，将另一部分电气设备金属外壳采用保护接零。

（2）柜（屏、台、箱、盘）接地或接零检查。

1）装有电器的可开启门，门和框架的接地端子应用裸编织铜线连接，且有标志。

2）柜（屏、台、箱、盘）内保护导体应有裸露的连接外部保护导体的端子，当设计无要求时，柜（屏、台、箱、盘）内保护导体最小截面积不应小于设计规定。

3）照明箱（盘）内，应分别设置零线（N）和保护地线（PE 线）汇流排，零线和保护地线经汇流排配出。

（3）明敷接地干线，沿长度方向，每段为 15～100mm，分别涂以黄色和绿色相间的条纹。

（4）测试接地装置的接地电阻值必须符合设计要求。

4. 二次接线检查

（1）柜内检查要求。

1）依据施工设计图纸及变更文件，核对柜内的元件规格、型号，安装位置应正确。

2）柜内两侧的端子排不能缺少。

3）各导线的截面是否符合图纸的规定。

4）逐线检查柜内各设备间的连线及由柜内设备引至端子排的连线不能有错误，接线必须正确。为了防止因并联回路而造成错误，接线时可根据实际情况，将被查部分的一端解开然后检查。检查控制开关时，应将开关转动至各个位置逐一检查。

（2）柜间联络电缆检查（通路试验）：可采用摇表校线法，干电池灯泡法等检查柜电联络电缆的连通性。

（3）操作装置的检查：回路中所有操作装置都应进行检查，主要检查接线是否正确，操作是否灵活，辅助触点动作是否准确。一般用导通法进行分段检查和整体检查。

检查时应使用万用表，不宜用兆欧表（摇表）检查，因为摇表检查不易发现接触不良或电阻变值。另外，检查时应注意拔去柜内熔丝，并将与被测电路并联的回路断开。

（4）电流回路和电压回路的检查：电流互感器接线正确，极性正确，二次侧不准开路（而电压互感器二次侧不准短路），精确度符合要求，二次侧有 1 点接地。

（5）二次接线绝缘电阻测量及交流耐压试验。

1）测量绝缘电阻：二次回路的绝缘电阻值必须大于 $1M\Omega$（用 1kV 或 500V 兆欧表检查），48V 及以下的回路使用不超过 500V 的兆欧表。

2）交流耐压试验：柜（屏、台、箱、盘）间二次回路交流工频耐压试验，当绝缘电阻值大于 $10M\Omega$ 时，用 2500V 兆欧表摇测 1min，应无闪络击穿现象；当绝缘电阻值在 1～

10MΩ 时，做 1000V 交流工频耐压试验，时间 1min，应无闪络击穿现象。

回路中的电子元件不应参加交流工频耐压试验；48V 及以下回路可不做交流工频耐压试验。

5. 送电前的准备工作

（1）准备好经检测合格的验电器、绝缘靴、绝缘手套、临时接地编织铜线、绝缘胶垫、粉末灭火器等。

（2）对设置固定式灭火系统及自动报警装置的变配电室，其消防设施应经当地消防部门验收后，变配电设施才能正式运行使用，如未经消防部门验收，须经其同意，并办理同意运行手续后，才能进行高压运行。

（3）彻底清扫全部设备及变配电室、控制室的灰尘。用吸尘器清扫电器、仪表元件，另外室内除送电需用的设备器具外，其他物品不得堆放。

（4）检查母线上，设备上有无遗留下的工具、金属材料及其他物件。

（5）试运行的安全组织措施到位，明确试运行指挥者、操作者和监护者。明确操作程序和安全操作应注意的事项。并进行正确记录。

6. 空载送电试运行

（1）二次回路联动模拟试验正确，器具、设备试调合格并有试验报告，方可送电试运行。

（2）由供电部门检查合格后，检查电压是否正常，然后对进线电源进行核相，相序确认无误后，按操作程序进行合闸操作。先合高压进线柜开关，并检查 PT 柜的三相电压指示是否正常。再合变压器柜开关，观察电流指示是否正常，低压进线柜上电压指示是否正常，并操作转换开关，检查三相电压情况。再依次将各高压开关柜合闸，并观察电压、电流指示是否正常。

（3）合低压柜进线开关，在低压联络柜内，在开关的上下侧（开关未合状态）进行核相。

（4）送电试运行还应按技术文件的要求进行。

（5）变配电室送电可按下列程序进行：

1）将各开关柜上的二次线保险全部拆除用绝缘摇表分别测试母排及各回路绝缘电阻其阻值不能小于 2MΩ。

2）将进线主开关和其他开关置于分闸位，由供电部门将电源送进配电室内，用验电器验电，检查主开关上口，保证电源正常。

3）恢复开关柜上的二次线保险，将主开关合闸，将电源送到配电室主母排。检查给配电柜上电压表三相电压是否正常，然后依次送各路分开关。

4）对带有联络柜的配电室，在合联络柜联络开关前用相序表在开关的上下侧进行同相校核。

5）送电空载运行 24h 后，带负荷运行 48h。查电流表各相电流值，三相电流是否平衡。大容量（630A 以上）导线、母线连接处或与开关设备连接处，应做电气线路连结点测温。用红外线测温计测试线路及各接触点的发热情况做好记录。若无异常现象，则送电结束。

（6）验收：经过空载试运行试验 24h 无误后，进行负载运行试验，并观察电压、电流等指示正常，高压开关柜内无异常声响，运行正常后，即可办理验收手续。

4.2 动力、照明配电箱（盘）安装

4.2.1 动力、照明配电箱（盘）安装

1. 测量定位

根据施工图纸确定配电箱（盘）位置，并按照箱（盘）外形尺寸进行弹线定位。

配电箱的安装高度底面距地应不低于 1.5m，箱内衬板应为难燃或阻燃材料，如采用木制作应做防火处理，配电箱开孔应与

配管吻合，并应在订货时就明确提出敲落孔的数量及规格，否则应用开孔器现场开孔；不得采用电、气焊切割。

2. 明装配电箱

根据不同的固定方式，把箱体固定在紧固件上。

在混凝土墙或砖墙上固定明装配电箱（盘）时，采用暗配管及暗分线盒和明配管两种方式。如有分线盒，先将盒内杂物清理干净，然后将导线理顺，分清支路和相序，按支路绑扎成束。待箱（盘）找准位置后，将导线端头引至箱内或盘上，逐个剥削导线端头，再逐个压接在器具上，同时将 PE 保护地线压在明显的地方，并将箱（盘）调整平直后进行固定。在电具、仪表较多的盘面板安装完毕后，应先用仪表校对有无差错，调整无误后试送电，将将卡片框内的卡片填写好部位、编上号。

在木结构或轻钢龙骨护板墙上进行固定配电箱（盘）时，应采用加固措施。如配管在护板墙内暗敷设，并有暗接线盒时，要求盒口应与墙面平齐，在木制护板墙处应做防火处理，可涂防火漆或加防火材料衬里进行防护。

采用铁架固定配电箱（盘）时，依据配电箱底座尺寸制作配电箱支架。将角钢调直，量好尺寸，画好锯口线，锯断煨弯，钻出孔位，并将对口缝焊牢，支架埋筑端做成燕尾形，可不刷漆，其余部分除锈，刷防锈漆。按需要标高用水泥砂浆埋牢，埋入时要注意铁架的平直程度和孔间距离，应测量准确后再稳筑铁架。待水泥砂浆凝固后方可进行配电箱（盘）的安装。

采用金属膨胀螺栓可在混凝土墙或砖墙上固定配电箱（盘）。根据弹线定位的要求找出准确的固定点位置，用电钻或冲击钻在固定点位置钻孔，其孔径应刚好将金属膨胀螺栓的胀管部分埋入墙内，且孔洞应平直不得歪斜。

管路进明装配电箱的做法，如图 4-3 所示。

明装配电箱的固定可采用预埋铁件或开角螺栓，小型的可预埋木砖但应防腐，也可根据实际情况采用膨胀螺栓和 U 形卡子、穿芯螺栓、支架等做法。

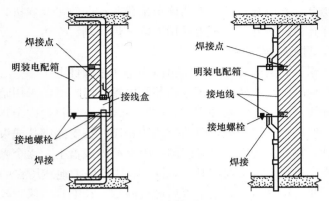

图 4-3   明装配电箱安装图

3. 暗装配电箱

暗装配电箱应配合土建将箱体同时按图纸要求安装于墙内，根据施工图要求的标高位置和预留洞位置，将箱体放入洞内找好标高和水平位置。若预留洞口，应考虑需配管侧留置高度、宽度和应根据配管的直径、揻弯的倍数，比箱体应大 300～500mm，不配管侧不宜大于 80mm。

箱体固定用水泥砂浆填实周边并抹平。待水泥砂浆凝固后再安装盘面和贴脸。如箱背保护层厚度小于 30mm 时，应在外墙固定金属网后再做墙面抹灰。不得在箱背板上直接抹灰。安装盘面要求平整，周边间隙均匀对称，贴脸（门）平正、不歪斜，螺钉垂直受力均匀。

在二次墙体内安装配电箱时，可将箱体预埋在墙体内。在剪力墙内安装配电箱时，若深度不够，则采用明装式或在配电箱前侧四周加装饰框圈。

钢管入箱应顺直，排列间距均匀，箱内露出锁紧螺母的 2～3 个丝扣，用锁母内外锁紧，做好接地。焊跨接地线使用的圆钢直径不小于 6mm，焊在箱的棱边上。

配管必须到位，附件应齐全，在配管和接地线做好以后，并填好隐蔽工程记录，监理认证后，可将洞口周围用细石混凝土或水泥砂浆填实、填牢，如图4-4所示。

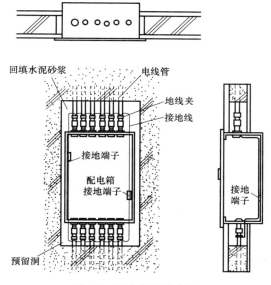

图 4-4　配电箱暗装做法

4. 盘面安装

安装盘面要求平整，周边间隙均匀对称，贴脸（门）平正、不歪斜，螺钉垂直受力均匀。

5. 电盘配线

根据电具、仪表的规格、容量和位置，选好导线的截面和长度，加以剪断进行组配。盘后导线应排列整齐，绑扎成束。压头时，将导线留出适当余量，削出线芯，逐个压牢。但是多股线需用压线端子。如立式盘，开孔后应首先固定盘面板，然后再进行配线。

配电箱（盘）上配线需排列整齐，并绑扎成束。盘面引出或引进的导线应留有适当的余度，以便检修。垂直装设的刀闸及熔断器上端接电源，下端接负荷；横装者左侧（面对盘面）接电源，右侧接负荷。导线剥削处不应过长，导线压头应牢固可靠，多股导线必须搪锡且不得减少导线股数。导线连接采用顶丝压接或加装压线端子。箱体用专用的开孔器开孔。

6. 箱框安装

先将箱壳内杂物清理干净，并将线理顺，分清支路和相序，箱芯对准固定螺栓位置推进，然后调平、调直、拧紧固定螺栓。

4.2.2 测试与试运行

1. 绝缘测试

配电箱（盘）全部电器安装完毕后，用 500V 兆欧表对线路进行绝缘摇测，绝缘电阻值不小于 $0.5M\Omega$。摇测项目包括相线与相线之间，相线与中性线之间，相线与保护地线之间，中性线与保护地线之间。两人进行摇测，同时做好记录，作为技术资料存档。

2. 通电试运行

配电箱（盘）安装及导线压接后，应先用仪表校对各回路接线，若无差错后试送电，检查元器件及仪表指示是否正常，并将卡片框内的卡片填写好线路编号及用途。

5 母 线 安 装

5.1 硬母线加工、连接与安装

5.1.1 母线调直、切断与冷弯

1. 母线的调直与切断

（1）母线应矫正平直，切断面应平整。

（2）对弯曲不平的母线采用母线矫直器或人工矫直，人工矫直时，先选一段表面平直、光滑、洁净的大型槽钢或工字钢，将母线放在钢材表面用木槌矫直。

（3）母线调直采用母线调直器进行调直，大截面母线用机械矫正平直，手工调直时必须用木槌，下面垫道木进行作业，敲打时用力要适当，不能过猛，不得用铁锤。

（4）母线下料可使用手锯或砂轮锯进行作业，不得用电弧或乙炔焰进行切断。下料时根据母线来料长度合理切割，切断面应平整，棱角应磨光处理，下料时母线要留有适当裕量，避免弯曲时产生误差造成整根母线报废。

（5）相同布置的主母线、分支母线、引下线及设备连接线应对称一致、横平竖直、整齐美观。

2. 母线冷弯

（1）矩形母线应进行冷弯，不得进行热弯。

（2）母线开始弯曲处与最近绝缘子的母线支持夹板边缘的距离不应大于 $0.25L$，但不得小于 50mm，如图 5-1 所示。

（3）母线开始弯曲处距母线连接位置不应小于 50mm。

（4）矩形母线因弯曲的角度大小不同，其弯曲处发热温升也

不同，直角弯曲处的温升可比 45°弯曲处高 10℃ 左右，矩形母线应减少直角弯，弯曲处不得有裂纹及显著的折皱，母线的最小弯曲半径应符合设计和规范的规定。为了避免弯曲处出现裂纹及显著的折皱，其弯曲半径应尽可能大于规定的弯曲半径值。

（5）多片母线的弯曲度、间距应一致。

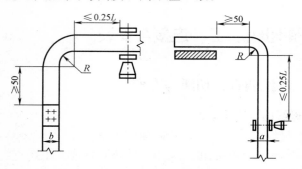

图 5-1　硬母线的立弯与平弯

a—母线厚度；b—母线宽度；L—母线两支持点间的距离；R—母线最小弯曲半径

（6）母线扭转 90°时，若每相由多片母线组成，为使扭转程度一致，扭转部分的长度就将随片数的增加而需加长，矩形母线扭转 90°时，其扭转部分的长度应为母线宽度的 2.5～5 倍，如图 5-2 所示。

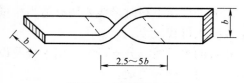

图 5-2　母线扭转 90°

b—母线的宽度

5.1.2　硬母线搭接

1. 搭接面的处理

钢及铝容易被腐蚀，钢、铜、铝电导率不同，在潮湿的环境下直接连接在一起，会在接触面间产生电腐蚀，严重影响电气设备或系统的运行安全，母线与母线、母线与分支线、母线与电器接线端子搭接，其搭接面的处理应符合下列规定。

（1）经镀银处理的搭接面可直接连接。

（2）铜与铜的搭接面，室外、高温且潮湿或对母线有腐蚀性气体的室内应搪锡；在干燥的室内可直接连接。

（3）铝与铝的搭接面可直接连接。

（4）钢与钢的搭接面不得直接连接，应搪锡或镀锌后连接。

（5）铜与铝的搭接面，在干燥的室内，铜导体应搪锡；室外或空气相对湿度接近 100% 的室内，应采用铜铝过渡板，铜端应搪锡。

（6）铜搭接面应搪锡，钢搭接面应采用热镀锌。

（7）钢搭接面成采用热镀锌。

（8）金属封闭母线螺栓固定搭接面应镀银。

（9）母线的接触面应平整、无氧化膜。经加工后其截面减少值，铜母线不应超过原截面的 3%；铝母线不应超过原截面的 5%。

具有镀银层的母线搭接面，不得进行锉磨。

母线接触面是否平整、是否有氧化膜，是母线能否紧密接触和不过热的关键。为了防止加工好的接触面表面再次氧化形成新的氧化膜，可及时涂电力复合脂；为保证接触面平整，有条件时母线接触面可采用机加工。

2. 矩形母线搭接

（1）矩形母线搭接应符合《建筑电气工程施工质量验收规范》GB 50303—2016 附录 D 的规定；当母线与设备接线端子连接时，应符合《变压器、高压电器和套管的接线端子》GB/T 5273 的有关规定。

（2）矩形母线采用螺栓固定定搭接时，连接处距支柱绝缘子的支持夹板边缘不应小于 50mm；上片母线端头与下片母线平弯开始处的距离不应小于 50mm，如图 5-3 所示。

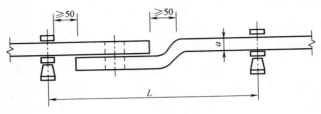

图 5-3　矩形母线搭接

a—母线的厚度；L—母线两支持点之间的距离

5.1.3　硬母线连接

硬母线的连接应采用焊接、贯穿螺栓连接或夹板及夹持螺栓搭接；管形和棒形母线应用专用线夹连接，严禁用内螺纹管接头或锡焊连接。

一般设计采用管形及棒形母线的，载流量都比较大，内螺纹管连接其接触面处的有效接触面积无法控制，满足不了电气连接的要求，焊锡的熔点太低，采用锡焊的接头当通过大电流时会因温度升高而将焊锡熔化，连接不可靠，故不得采用。

1. 硬母线焊接

母线焊接应由经培训考试合格取得相应资质证书的焊工进行。

2. 螺栓连接

螺栓规格与母线规格有关，螺栓、平垫圈及弹簧垫必须采用镀锌件，螺栓长度应考虑在螺栓紧固后露出半个螺帽长度。

母线螺孔直径过大，会过多地减少母线连接处的有效接触面，可能造成母线连接处发热，母线连接处螺孔的直径不应大于螺栓直径 1mm；螺孔应垂直、不歪斜，中心距离允许偏差为 ±0.5mm。

3. 管形、棒形母线的连接

（1）安装前应对连接金具和管形、棒形母线导体接触部位的尺寸进行测量，其误差值应符合产品技术文件要求。

（2）与管母线连接金具配套使用的衬管应符合设计和产品技术文件要求。

（3）管形、棒形母线连接金具螺栓紧固力矩应符合产品技术文件要求。

5.1.4 硬母线安装

1. 铝合金管形母线的安装

（1）管形母线应采用多点吊装，不得伤及母线。

（2）母线终端应安装防电晕装置，其表面应光滑、无毛刺或凹凸不平。

（3）同相管段轴线应处于一个垂直面上，三相母线管段轴线应互相平行。

（4）水平安装的管形母线，宜在安装前采取预拱措施。

2. 母线间或母线与设备接线端子的连接

（1）母线连接接触面间应保持清洁，并应涂以电力复合脂。

（2）母线平置时，螺栓应由下往上穿，螺母应在上方；其余情况下，螺母应置于维护侧，螺栓长度宜露出螺母 2～3 扣。

（3）螺栓与母线紧固面间均应有平垫圈，母线多颗螺栓连接时，相邻螺栓垫圈间应有 3mm 以上的净距，螺母侧应装有弹簧垫圈或锁紧螺母。

（4）母线接触面应连接紧密，连接螺栓应用力矩扳手紧固，钢制螺栓拧紧力矩应符合表 5-1 的规定，非钢制螺栓紧固力矩值应符合产品技术文件要求。

母线搭接螺栓的拧紧力矩　　　　　表 5-1

螺栓规格	力矩值（N·m）	螺栓规格	力矩值（N·m）
M8	8.8～10.8	M16	78.5～98.1
M10	17.7～22.6	M18	98.0～127.4
M12	31.4～39.2	M20	156.9～196.2
M14	51.0～60.8	M24	274.6～343.2

（5）母线与螺杆形接线端子连接时，母线的孔径不应大于螺杆形接线端子直径 1mm。丝扣的氧化膜应除净，螺母接触面应平整，螺母与母线间应加铜质搪锡平垫圈，并应有锁紧螺母，但不得加弹簧垫。

实践表明，接头发热最为严重的地方往往是母线与设备连接端子，尤其是圆杆式和螺纹式的接线端子。为此，施工安装时应特别注意，螺母接触面应平整，丝扣的氧化膜应除净，以改善接头发热状况。

另外，现有一类新型特殊的螺纹式端子过渡线夹，其一端的螺纹与端子紧密配合，螺纹长度比现用螺母长许多，另一端则为平板型钻有螺孔与母线连接。此种特殊过渡线夹应由制造厂随设备配套供应。

（6）母线在运行中通过的电流是变化的，发热状况也是变化的，所以母线在支柱绝缘子上的固定既要牢固，又要能使母线自由伸缩。为避免交流母线因产生涡流而发热，金具之间不能形成闭合磁路。金具有棱角、毛刺会产生电晕放电，造成损耗和对弱电的信号干扰。

母线在支柱绝缘子上固定时应符合下列要求：

1）母线固定金具与支柱绝缘子间的固定应平整牢固，不应使其所支持的母线受到额外应力。

2）交流母线的固定金具或其他支持金具不应成闭合铁磁回路。

3）当母线平置时，母线支持夹板的上部压板应与母线保持 1～1.5mm 的间隙；当母线立置时，上部压板应与母线保持 1.5～2mm 的间隙。

4）母线在支柱绝缘子上的固定死点，每一段应设置 1 个，并应位于全长或两母线伸缩节中点。

5）管形母线安装在滑动式支持器上时，支持器的轴座与管母线之间应有 1～2mm 的间隙。

6）母线固定装置应无棱角和毛刺。

3. 安装图示

（1）低压母线，过墙、过楼板对采用穿墙隔板，其安装做法如图 5-4 所示。

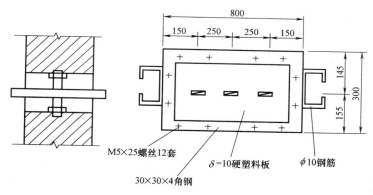

M5×25螺丝12套　　　δ=10硬塑料板　　　φ10钢筋

30×30×4角钢

图 5-4　穿墙隔板安装做法

（2）高压母线过墙、过楼板时，采用穿墙套管，其安装做法如图 5-5 所示。穿墙套管垂直安装时，法兰座向上。水平安装时，法兰座在外，法兰及铁板应可靠接地（PE）或接零（PEN）。

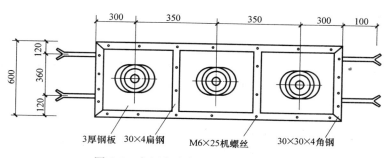

3厚钢板　30×4扁钢　　M6×25机螺丝　　30×30×4角钢

图 5-5　高压穿墙套管及穿墙板示意图

5.1.5　检查送电

（1）母线安装完后，应进行下列检查，清理工作现场的工具、杂物，并与有关单位人员协商好，做好安全防护，确定送电时间。

1）金属构件加工，配制。螺栓连接、焊接等应符合国家现场标准的有关规定。

2）所有螺栓。垫圈、闭口销、弹簧垫圈、锁紧螺母等应齐全，可靠。

3）母线配制及安装架应符合设计规定，且连接正确，螺栓紧固，接触可靠；相间及对地电气距离应符合要求。

4）瓷件应完整，清洁，铁件和瓷件胶合处均应完整无损，充油套管应无渗油，油位应正常。

5）油漆应完好，相色正确，接地良好。

（2）母线支架接地（PE）或接零（PEN）连接完成，母线绝缘电阻测试和交流工频耐压试验合格，才能通电。低压母线的交流耐压试验电压为 1kV，当绝缘电阻值大于 $10M\Omega$ 时，可用 2500V 兆欧表摇测替代，试验持续时间 1min，无闪络现象；高压母线的交接耐压试验，必须符合现行国家标准《电气装置安装工程 电气设备交接试验标准》GB 50150－2016 的规定。

（3）母线送电前应进行耐压试验，高压母线交流工频耐压试验必须符合现行国家标准《电气装置安装工程 电气设备交接试验标准》GB 50150－2016 的规定，低压母线相间和相对地间的绝缘电阻值应大于 $0.5M\Omega$，交流工频耐压试验电压为 1kV。当绝缘电阻值大于 $10M\Omega$ 时，可采用 2500V 兆欧表摇测替代，试验持续时间 1mm，无击穿闪络现象。

（4）母线送电要有专人负责，送电程序应为先高压，后低压，先干线，后支线，先隔离开关后负荷开关，停电时与上述顺序相反。

（5）车间母线送电前应先挂好有电标志牌，并通知有关单位及人员，送电后应有指示灯。

5.2 封闭插接式母线的安装、调整与试验

5.2.1 金属封闭母线

1. 安装准备

（1）封闭母线运输单元运抵现场后，应会同有关部门开箱清点，应对规格、数量及完好情况进行外观检查，并应做好记录。

（2）封闭母线运抵现场后若不能及时安装，应存放在干燥、通风、没有腐蚀性物质的场所，并应对存放、保管情况每月进行一次检查。

（3）封闭母线现场存放应符合产品技术文件的要求。封闭母线段两端的封罩应完好无损。

（4）母线零部件应储存在仓库的货架上，并应保持包装完好、分类清晰、标识明确。

（5）安装前应检查并核对母线及其他连接设备的安装位置及尺寸。

2. 母线焊接与连接

母线焊接应由经培训考试合格取得相应资质证书的焊工进行。金属封闭母线的螺栓连接除应符合"硬母线连接"的有关规定外，尚应符合下列规定。

（1）电流大于3000A的导体其紧固件应采用非磁性材料。

（2）封闭母线与设备的螺栓连接，应在封闭母线绝缘电阻测量和工频耐压试验合格后进行。

3. 金属封闭母线的安装与调整

（1）在各段母线就位前，应对外壳内部、母线表面、绝缘支撑件及金具表面进行检查和清理，并应进行相关试验。

（2）吊装母线应使用尼龙绳或套有橡胶管的钢丝绳，并不得碰撞和擦伤外壳。

（3）外壳短路板应按产品技术文件的要求进行安装、焊接。

（4）穿墙板与封闭母线外壳间应用橡胶条密封，并应保持穿墙板与封闭母线外壳间绝缘。

（5）当金属封闭母线设计有伴热装置时，伴热电缆的固定应保证与母线及外壳的电气安全距离，并应密封伴热装置在封闭母线上的孔洞。

（6）调整过程中，应仔细核查支承处的标高与其他设备的安装位置，应避免对母线进行切割加工。

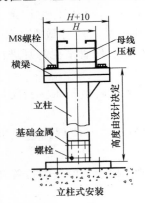

图 5-6 封闭式母线
的落地安装

（7）应在调整完毕后，再进行外壳的固定和母线的连接。

（8）外壳封闭前，应对母线进行清理、检查、验收。

（9）封闭式母线的落地安装，如图 5-6 所示。安装高度按设计要求，设计无要求时应符合规范要求，立柱可采用钢管或型钢制作。

（10）封闭式母线垂直安装，沿墙或柱子处，应做固定支架，过楼板处应加装防震装置，并做防水台，如图 5-7 所示。防水台应在土建浇灌混凝土时一次做成，高度 50mm，宽度 80mm，混凝土强度不少于 C20。

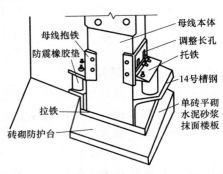

图 5-7 封闭母线过楼板防震装置示意图

（11）封闭式母线敷设长度超过 40m 时，应设置伸缩节，跨越建筑物的伸缩缝或沉降缝处，宜采取适当的措施如图 5-8 所示。设备订货时，应提出此项要求。

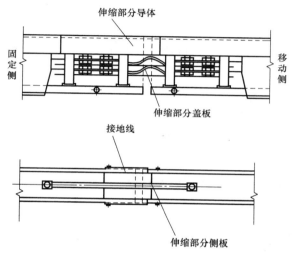

图 5-8　封闭母线伸缩节安装示意图

（12）封闭式母线插接箱安装应可靠固定，垂直安装时，安装高度应符合设计要求，设计无要求时，插接箱底口宜为 1.4m，如图 5-9 所示。

（13）封闭式母线垂直安装距地 1.8m 以下应采用保护措施（电气专用竖井、配电室、电机室、设备层等除外）。

（14）封闭式母线穿越防火墙，防火楼板时，应采取防火隔离措施。

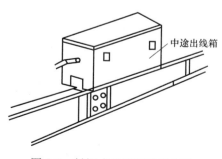

图 5-9　封闭式母线插接箱安装

（15）微正压金属封闭母线安装完毕后，检查其密封性应良好。

4. 接地要求

金属封闭母线的外壳及支持结构的金属部分应可靠接地，并应符合下列规定。

（1）全连式离相封闭母线的外壳应采用一点或多点通过短路板接地；一点接地时，应在其中一处短路板上设置一个可靠的接地点；多点接地时，可在每处但至少在其中一处短路板上设置一个可靠的接地点。

（2）不连式离相封闭母线的每一分段外壳应有一点接地，并应只允许有一点接地。

（3）共箱封闭母线的外壳各段间应有可靠的电气连接，其中至少有一段外壳应可靠接地。

5.2.2 插接母线安装与试运行

1. 安装准备

（1）按照母线排列图，将各节母线，插接开关箱，进线箱运至各安装地点。

（2）安装前应逐节摇测母线的绝缘电阻，电阻值不得小于 20MΩ。

（3）母线槽安装准备见表 5-2。

2. 插接母线槽安装要求

（1）按母线排列图，从起始端（或电气竖井入口处）开始向上，向前安装。

（2）母线槽固定距离不得大于 2.5m，水平敷设距地高度不应小于 2.2m。

（3）悬挂式母线槽的吊钩应有调整螺栓，固定点间距离不得大于 3m。

（4）母线槽的端头应装封闭罩，如图 5-10 所示。引出线孔的盖子应完整；各段母线槽的外壳连接应是可拆的，外壳间有跨接地线。两端应可靠接地。

（5）各段母线槽外壳的连接应可拆，外壳之间应有跨接线，并应接地可靠。

母线槽安装准备   表 5-2

项目	要求
母线槽开箱项目	(1)产品合格证和出厂检验报告的对象与实物一致。 (2)本体和附件的数量与发货单相符。 (3)外观无损坏、变形等缺陷,表面防腐层色泽一致,母线端部绝缘层完整。 (4)母线截面符合设计要求。 (5)每节母线槽的绝缘电阻不低于 20MΩ。 (6)母线槽连接用的穿芯螺栓有可靠的接地措施
母线槽安装条件	(1)确认母线槽的规格、走向符合设计要求。 (2)确认现场复测得出的产品配置条件与产品供货情况一致。 (3)验收母线槽产品且合格。 (4)安装母线的部位土建施工已结束,环境洁净,配电室的门已安装合格且可上锁。 (5)安装母线槽的井道中应无渗水,且墙面已完工。 (6)母线槽需穿越楼板和墙壁的孔洞已修正,不应影响母线槽的水平度和垂直度,洞口宜修整光滑,消防封堵应符合要求。 (7)对需要防水台阶的母线槽,防水台阶已完成,并符合防水要求。 (8)母线槽连接的电气设备已就位

（6）母线与设备连接采用软连接，如图 5-11 所示。母线紧固螺栓应由厂家配套供应，应用力矩扳手紧固。

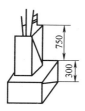

图 5-10　母线槽端头装封闭罩

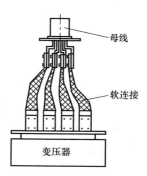

图 5-11　母线与设备连接

127

（7）曲线母线槽在插接母线组装中要根据其部位进行选择，L形水平弯头应用于平卧水平安装的转弯，也应用于垂直安装与侧卧水平安装的过渡，L形弯头应用在侧卧安装的转弯，也应用于垂直安装与平卧安装之间的过渡，T形垂直弯头应用在侧卧安装的转弯，也应用在垂直安装与平卧安装之间的过渡，Z形水平弯头应用于母线平卧的转弯，Z形垂直弯头应用于母线侧卧安装的转弯，变压器母线槽应用于大容量母线槽向小容量母线槽的过渡。

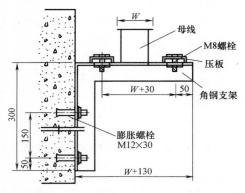

图 5-12　母线槽沿墙水平安装

（8）母线槽沿墙水平安装，如图 5-12 所示。安装高度应符合设计要求，无要求时距地不应小于 2.2m，母线应可靠固定在支架上。

（9）母线槽悬挂吊装，如图 5-13 和图 5-14 所示。吊杆直径按产品技术文件要求选择，螺母应能调节。

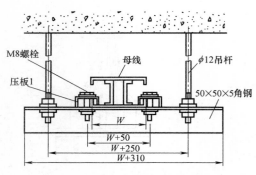

图 5-13　母线槽悬挂吊装 1

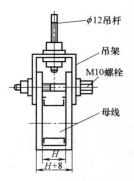

图 5-14　母线槽悬挂吊装 2

3. 母线槽安装与验收

在母线槽经过建筑物的沉降缝或伸缩缝处，应配置母线槽的软连接单元。母线槽安装要点见表5-3。母线槽安装完毕后，应对穿越墙壁和楼板的孔洞进行消防封堵。

母线槽安装 表5-3

项目		要　求
弹簧支承器安装	安装	(1)当母线槽垂直安装时,安装弹簧支承器应符合设计规定。当设计无规定时,每层楼板安装一副。 (2)当母线槽沿墙垂直安装时,弹簧支承器应安装在母线槽的两侧。 (3)弹簧支承器安装前应修正楼板孔,保证同一轴线楼板孔的同心度,使母线槽穿越任何一楼板孔时,与孔边保持5~10mm的距离。 (4)当弹簧支承器的槽钢底座采用膨胀螺栓固定在楼板上时,每根底座的固定点不应少于两点。 (5)出厂时弹簧支承器的弹簧应进行预压缩,并向安装单位提供压缩量与重量的关系式
母线槽支架	安装	(1)水平敷设时,每一单元母线槽不应少于两个支架,且应可靠固定。 (2)垂直敷设时,应在母线槽的分接口处设置防晃支架。 (3)支架与母线槽之间采取压紧连接
母线槽外壳的防护等级		(1)对低于IP54防护等级的外壳应采用相应直径的钢丝进行检查。 (2)对不低于IP54防护等级的外壳应检查相应的检测报告
母线槽本体	安装	(1)安装前必须测量每一单元母线槽相间、相地间、相零间和零地间的绝缘电阻,且不应小于20MΩ。 (2)安装时母线槽的连接头应完好,且无机械损伤或异物进入。 (3)母线槽接头处的绝缘板应完整无损,规格相符。 (4)母线槽可由电源端向负载端安装。 (5)安装母线槽时,应采用尼龙绳或麻绳捆扎吊装。 (6)当母线槽对口插接时,不应采取撞击安装。垂直安装时,可利用母线槽自重插入;水平安装时,可人工拖拉插入。 (7)母线槽初步对接就位后,插接部位应清扫干净,装上保护板,并用力矩扳手拧紧芯螺栓。 (8)当垂直安装的母线槽外壳与弹簧支承器之间连接固定后,应调整支承器弹簧的弹力,使其处于正常状态。

项目		要　求
母线槽本体	安装	(9)应采用线坠检查垂直安装母线槽插接口两侧 1m 长度范围内的垂直度,并调整弹簧支承器两侧的调整螺母,使垂直度达到要求。 (10)水平安装的母线槽,应采用压板将母线槽外壳固定在支架上。压板螺栓不宜拧得过紧。 (11)每安装好一个单元母线槽后,应测量母线槽的绝缘电阻。允许总绝缘电阻逐段下降,但不应有突变,且总绝缘电阻不应小于 0.5MΩ

4. 通电试运行

（1）母线槽安装完毕,并经质量检查合格后,方可通电试运行。

（2）母线槽在空载情况下通电 1h 后,方可测量外壳和穿芯螺栓的温升和各插接箱的空载电压。

（3）空载测量母线槽工作正常后,方可接上负载测量母线槽温升和压降。不应出现温度异常点,各部分的温升值不应超出表 5-4 的规定。

母线槽允许温升　　　　　　　表 5-4

母线槽部位		允许温升(K)
用于连接外部绝缘导线的端子		60
通道上插接头接触处与母线间固定连接处	铜—铜	50
	铜镀锡—铜镀锡	60
	铝镀锡—铝镀锡	55
	铜镀银—铜镀银	60
可接触的外壳和覆板	金属表面	30
	绝缘材料表面	40

5.2.3　封闭插接式照明母线敷设

封闭插接式照明母线,有的称插接式照明小母线,是近年来引进国外技术用在大型公用建筑工程的电气照明工程中的新型材料，具有集成化程度高、配套部件齐全、工厂制造完备、现场安装简捷等特点，有广阔的应用前景，但必须在经深化设计后才能订货采购。

1. 材料质量控制

（1）照明母线的订货应在建筑物或构筑物主体结构基本完成，并应在照明工程已进行深化设计后进行。

（2）照明母线安装前，应进行外观检查，母线应平直、外壳无凹坑、表面镀层完整无划痕，附带的馈电、端封、支接、软连接和固定件等部件应齐全、无缺损。

（3）照明母线安装前应抽检母线导体的通电稳定性能和电气绝缘性能，抽检的数量应为相同规格的每批次进场的 1～2 节，抽检的结果应符合产品技术文件的要求。

2. 安装

（1）母线可侧装于建筑物或构筑物墙体表面，也可吊装于吊顶下部，应采用配套的支持件固定，固定点间距应均匀，固定点距离不宜大于 2m。

（2）母线直线段的连接，馈电部件、支接部件、端封部件、柔性连接等的连接以及固定于母线上的灯具安装等，均应按产品技术文件进行操作，并应确保其连接的可靠性。

（3）当母线穿越建筑物或构筑物的变形缝处或水平直线段需标高变位时，应采用制造厂提供的柔性连接部件。

（4）母线直线段安装应平直，水平偏差不应大于 5mm，垂直偏差不应大于 10mm。

（5）不接馈电单元的母线端部应封闭完好，端部离建筑物或构筑物的可操作距离不应小于 200mm。

（6）母线安装应确保母线导体的组合几何中心线与外壳中心线同心。

（7）母线的金属外壳应可靠接地，全长不应少于 2 处与接地保护干线相连接，分支端部也应做接地保护；母线的金属外壳不应作为接地的接续导体。

照明母线外壳必须保护接地，由于其不是专用接地线，在运行中要维护检修，而且有可能改造移位，因而不能作为其他电气设备或器具接地的接续导体。

（8）母线上无插接部件的接插口封堵盖应完好。

（9）母线的分接单元与母线的配合，其锁紧装置应完整可靠，确保其连接的可靠性。

母线分接处往往是事故的多发点，安装时应特别注意防松锁紧装置的完整性和可靠性。

6 变压器、高压开关和断路器安装

6.1 变压器安装

6.1.1 器身检查与干燥

1. 器身检查条件

变压器到达现场后,判定是否进行器身检查的条件见表6-1。

变压器判定是否进行器身检查的条件　　　　表 6-1

项目	条　件
不进行器身检查	(1)制造厂说明可不进行器身检查者。 (2)容量为 1000kV·A 及以下,运输过程中无异常情况者。 (3)就地生产仅作短途运输的变压器,当事先参加了制造厂的器身总装,质量符合要求,且在运输过程中进行了有效的监督,无紧急制动、剧烈振动、冲撞或严重颠簸等异常情况者
应对变压器进行器身检查	(1)制造厂或建设单位认为应进行器身检查。 (2)变压器运输和装卸过程中冲撞加速度出现大于 $3g$ 或冲撞加速度监视装置出现异常情况时,应由建设、监理、施工、运输和制造厂等单位代表共同分析原因并出具正式报告。必须进行运输和装卸过程分析,明确相关责任,并确定进行现场器身检查或返厂进行检查和处理

注:条件只要符合一条,即可判定。

2. 器身检查准备工作

器身检查准备工作应符合表 6-2 的规定。

| | 器身检查的规定与准备工作 | 表 6-2 |

项目		内　容
环境要求		（1）凡雨、雪天，风力达 4 级以上，相对湿度 75％以上的天气，不得进行器身检查。 （2）在没有排氮前，任何人不得进入油箱。当油箱内的含氧量未达到 18％以上时，人员不得进入。 （3）在内检过程中，必须向箱体内持续补充露点低于－40℃的干燥空气，以保持含氧量不得低于 18％，相对湿度不应大于 20％；补充干燥空气的速率，应符合产品技术文件要求
器身检查准备工作	进入变压器内部进行器身检查	（1）应将干燥、清洁、过筛后的硅胶装入变压器油罐硅胶罐中，确保硅胶罐的完好。 （2）应将放油管路与油箱下部的阀门连接，并打开阀门将油全部放入储油罐中。 （3）周围空气温度不宜低于 0℃，器身温度不宜低于周围空气温度；当器身温度低于周围空气温度时，应将器身加热，宜使其温度高于周围空气温度 10℃，或采取制造厂要求的其他措施。 （4）当空气相对湿度小于 75％时，器身暴露在空气中的时间不得超过 16h。内检前带油的变压器，应由开始放油时算起；内检前不带油的变压器，应由揭开顶盖或打开任一堵塞算起，到开始抽真空或注油为止；当空气相对湿度或露空时间超过规定时，应采取可靠的防止变压器受潮的措施。 （5）器身检查时，场地四周应清洁并设有防尘措施。 （6）进行器身检查时进入油箱内部检查应以制造厂服务人员为主，现场施工人员配合；进行内检的人员不宜超过 3 人，内检人员应明确内检的内容、要求及注意事项
	吊罩、吊芯进行器身检查	（1）钟罩起吊前，应拆除所有运输用固定件与本体内部相连的部件。 （2）器身或钟罩起吊时，吊索与铅垂线的夹角不宜大于 30°，必要时可采用控制吊梁。起吊过程中，器身不得与箱壁有接触

3. 器身检查的主要项目和要求

器身检查的主要项目和要求应符合表 6-3 的规定。器身检查完毕后，应用合格的变压器油对器身进行冲洗、清洁油箱底部，不得有遗留杂物及残油。以清除制造过程中可能遗留于线圈间、铁芯间和箱底的杂物，并冲洗器身露空时可能污染的灰尘等。冲洗器身时，不得触及引出线端头裸露部分，以免触电。

器身检查的主要项目和要求　　　　表 6-3

项目	要求
运输支撑和器身各部位	应无移动
运输用的临时防护装置及临时支撑	应拆除，并应清点做好记录
螺栓	所有螺栓应紧固，并有防松措施；绝缘螺栓应无损坏，防松绑扎完好
铁芯检查	(1)铁芯应无变形，铁轭与夹件间的绝缘垫应完好。 (2)铁芯应无多点接地。 (3)铁芯外引接地的变压器，拆开接地线后铁芯对地绝缘应符合产品技术文件的要求。 (4)打开夹件与铁轭接地片后，铁轭螺杆与铁芯、铁轭与夹件、螺杆与夹件间的绝缘应符合产品技术文件的要求。 (5)当铁轭采用钢带绑扎时，钢带对铁轭的绝缘应符合产品技术文件的要求。 (6)打开铁芯屏蔽接地引线，检查屏蔽绝缘应符合产品技术文件的要求。 (7)打开夹件与线圈压板的连线，检查压钉绝缘应符合产品技术文件的要求。 (8)铁芯拉板及铁轭拉带应紧固，绝缘符合产品技术文件的要求。 注：上述(3)、(4)、(5)、(6)、(7)项无法拆开的可不测量
绕组检查	(1)绕组绝缘层应完整，无缺损、变位现象。 (2)各绕组应排列整齐，间隙均匀，油路无堵塞。 (3)绕组的压钉应紧固，防松螺母应锁紧
绝缘围屏	绑扎应牢固，围屏上所有线圈引出处的封闭应符合产品技术文件的要求
引出线	绝缘包扎应牢固，无破损、拧弯现象；引出线绝缘距离应合格，固定牢靠，其固定支架应紧固；引出线的裸露部分应无毛刺或尖角，焊接质量应良好；引出线与套管的连接应牢靠，接线正确

项目	要　　求
无励磁调压切换装置	各分接头与线圈的连接应紧固正确;各分接头应清洁,且接触紧密,弹性良好;转动接点应正确地停留在各个位置上,且与指示器所指位置一致;切换装置的拉杆、分接头凸轮、小轴、销子等应完整无损;转动盘应动作灵活,密封严密
有载调压切换装置	选择开关、切换开关接触应符合产品技术文件的要求,位置显示一致;分接引线应连接正确、牢固,切换开关部分密封严密。必要时抽出切换开关芯子进行检查
绝缘屏障	应完好,且固定牢固,无松动现象
油系统	(1)检查强油循环管路与下轭绝缘接口部位的密封应完好。 (2)检查各部位应无油泥、水滴和金属屑等杂物。 (3)导向冷却的变压器尚应检查和清理进油管接头和联箱
箱壁上阀门	开闭是否灵活,指示是否正确,否则以后不易检查和处理

注:变压器有围屏者,可不必解除围屏,本表中由于围屏遮蔽而不能检查的项目,可不予检查。

4. 干燥条件

变压器是否需要进行干燥,应根据"新装电力变压器及油浸电抗器不需干燥的条件"进行综合分析判断后确定,见表 6-4。

新装电力变压器不需干燥的条件　　　　表 6-4

项目	条　　件
带油运输的变压器	电抗器应符合现行国家标准《电气装置安装工程　电气设备交接试验标准》GB 50150—2016 的规定,并应符合下列规定。 (1)绝缘油电气强度及含水量试验应合格。 (2)绝缘电阻及吸收比(或极化指数)应合格。 (3)介质损耗角正切值 tanδ 合格,电压等级在 35kV 以下或容量在 4000kV·A 以下者不作要求
充气运输的变压器	应符合现行国家标准《电气装置安装工程　电气设备交接试验标准》GB 50150—2016 的规定,并应符合下列规定。 (1)器身内压力在出厂至安装前均应保持正压。

项目	条　件
充气运输的变压器	（2）残油中含水量不应大于 30ppm；残油电气强度试验在电压等级为 330kV 及以下者不应低于 30kV，500kV 及以上者不应低于 40kV。 （3）变压器及电抗器注入合格绝缘油后应符合下列规定。 1）绝缘油电气强度及含水量应合格。 2）绝缘电阻及吸收比（或极化指数）应合格。 3）介质损耗角正切值 tanδ 应合格。 （4）当器身未能保持正压，而密封无明显破坏时，应根据安装及试验记录全面分析，按照现行国家标准《电气装置安装工程　电气设备交接试验标准》GB 50150—2016 的规定作综合判断，决定是否需要干燥

5. 干燥

（1）设备进行干燥时，宜采用真空热油循环干燥法。带油干燥时，上层油温不得超过 85℃。

干式变压器进行干燥时，其绕组温度应根据其绝缘等级确定。

干式变压器干燥时，其温度必须低于其最高允许温度。

（2）在保持温度不变的情况下，绕组的绝缘电阻下降后再回升，110kV 及以下的变压器持续 6h，220kV 及以上的变压器持续 12h 保持稳定，且真空滤油机中无凝结水产生时，可认为干燥完毕。

绝缘受潮后进行干燥，由于温度的增加，潮气将排出，绝缘电阻将下降，继续干燥则潮气降低，绝缘电阻将上升，干燥完毕时，绝缘电阻值渐趋稳定，可认为干燥完毕。为保证干燥质量，规定绝缘电阻必须上升后并保持稳定一段时间，且无凝结水产生时，才可认为干燥完毕。

6.1.2　变压器二次搬运、就位与连线

1. 二次搬运

（1）变压器二次搬运应由起重工作业，电工配合，搬运时最

好采用汽车吊和汽车，如距离较短时，且道路较平坦时可采用倒链吊装、卷扬机拖运、滚杠运输等。

（2）变压器吊装时，索具必须检查合格，钢丝绳必须挂在油箱的吊钩上，变压器顶盖上盘的吊环仅作吊芯检查用，严禁用此吊环吊装整台变压器。

（3）变压器搬运时，用木箱或纸箱将高低压绝缘瓷瓶罩住进行保护，使其不受损伤。

（4）变压器搬运过程中，不应有严重冲击或震动情况，利用机械牵引时，牵引的着力点应在变压器重心以下，以防倾斜，运输倾斜角不得超过15°，防止内部结构变形。

（5）用千斤顶顶升大型变压器时，应将千斤顶放置在变压器专门部位（如油箱千斤顶支架部位），升降操作应协调，各点受力均匀，并及时垫好垫块。

（6）大型变压器在搬运或装卸前，应核对高低压侧方向，以免安装时调换方向发生困难。

2. 变压器就位

变压器就位可用汽车吊直接进行就位，由起重工操作，电工配合，可用道木搭设临时轨道，用倒链拉入设计位置。

（1）装有气体继电器的变压器，除制造厂规定不需要设置安装坡度者外，应使其顶盖沿气体继电器气流方向有 $1\% \sim 1.5\%$ 的升高坡度。当与封闭母线连接时，其套管中心线应与封闭母线中心线的尺寸相符。

（2）变压器基础的轨道应水平，轨距与轮距应相符；装有滚轮的变压器，其滚轮应能灵活转动，设备就位后，应将滚轮用可拆卸的制动装置加以固定。

（3）变压器本体直接就位于基础上时，应符合设计、制造厂的要求。

（4）如安装变压器的基础上有钢板导轨，应与接地干线焊接。

（5）就位时，应注意其方位和距墙尺寸应与设计要求相符，允许误差为±25mm，图纸无标注明，纵向按轨道定位，横向距离不得小于800mm，距门不得小于1000mm，并使屋内预留吊环的垂线位于变压器中心，以便于进行吊芯检查。

（6）变压器宽面推进时，低压侧应向外；窄面推进时，油枕侧应向外。装有开关的一侧操作方向上应留有1200mm以上的距离。

（7）装有滚轮的变压器，滚轮应转动灵活，在变压器就位后，应将滚轮用能拆卸的制动装置加以固定。

（8）油浸变压器的安装，考虑在带电的情况下，方便检查油枕和套管中的油位、上层油温、气体继电器等。

3. 变压器连线

（1）变压器的一、二次结线、地线、控制导线均应符合相应的规定，油浸变压器附件的控制导线，应采用具有耐油性能的绝缘导线。靠近箱壁的绝缘导线，排列应整齐，并有保护措施；接线盒密封应良好。

（2）变压器一、二次引线的施工，不应使变压器的套管直接承受应力。

（3）变压器的低压侧中性点必须直接与接地装置引出的接地干线进行连接，变压器箱体、干式变压器的支架或外壳应进行接地（PE），且有标识。所有连接必须可靠，紧固件及防松零件齐全。

（4）变压器中性点的接地回路中，靠近变压器处，宜做一个可拆卸的连接点。

6.1.3 交接试验、试运行与验收

1. 变压器交接试验

（1）变压器的交接试验应由当地供电部门许可的有资质的试验室进行，试验标准符合现行国家标准《电气装置安装工程 电气设备交接试验标准》GB 50150—2016 的规定。

（2）变压器交接试验的内容见表6-5。

项目	内容
变压器交接试验	(1)绝缘油试验或 SF_6 气体试验； (2)测量绕组连同套管的直流电阻； (3)检查所有分接的电压比； (4)检查变压器的三相接线组别和单相变压器引出线的极性； (5)测量铁芯及夹件的绝缘电阻； (6)非纯瓷套管的试验； (7)有载调压切换装置的检查和试验； (8)测量绕组连同套管的绝缘电阻、吸收比或极化指数； (9)测量绕组连同套管的介质损耗因数($\tan\delta$)与电容量； (10)变压器绕组变形试验； (11)绕组连同套管的交流耐压试验； (12)绕组连同套管的长时感应耐压试验带局部放电测量； (13)额定电压下的冲击合闸试验； (14)检查相位； (15)测量噪声

变压器交接试验内容 表6-5

注：1. 容量为1600kV·A及以下油浸式电力变压器，可按表中（1）、（2）、（3）、（4）、（5）、（6）、（7）、（8）、（11）、（13）和（14）进行试验。
　　2. 干式变压器可按表中第（2）、（3）、（4）、（5）、（7）、（8）、（11）、（13）和（14）款进行试验。
　　3. 变流、整流变压器可按表中（1）、（2）、（3）、（4）、（5）、（6）、（7）、（8）、（11）、（13）和（14）款进行试验。
　　4. 电炉变压器可按表中（1）、（2）、（3）、（4）、（5）、（6）、（7）、（8）、（11）、（13）和（14）款进行试验。
　　5. 接地变压器、曲折变压器可按表中（2）、（3）、（4）、（5）、（8）、（11）和（13）款进行试验，对于油浸式变压器还应按表中（1）和（9）进行试验。
　　6. 穿芯式电流互感器、电容型套管应分别按互感器和套管的试验项目进行试验。
　　7. 分体运输、现场组装的变压器应由订货方见证所有出厂试验项目，现场试验应按现行国家标准《电气装置安装工程　电气设备交接试验标准》GB 50150—2016执行。
　　8. 应对气体继电器、油流继电器、压力释放阀和气体密度继电器等附件进行检查。

2. 试运行条件

变压器在试运行前，应进行全面检查，确认其符合运行条件时，方可投入试运行。检查项目内容和要求见表 6-6。

变压器在试运行条件检查项目内容和要求　　　表 6-6

项　目	要　求
外观	本体、冷却装置及所有附件应无缺陷,且不渗油
	设备上应无遗留杂物
事故排油设施	完好,消防设施齐全
阀门	本体与附件上的所有阀门位置核对正确
接地	变压器本体应两点接地。中性点接地引出后,应有两根接地引线与主接地网的不同干线连接,其规格应满足设计要求
套管	铁芯和夹件的接地引出套管、套管的末屏接地应符合产品技术文件的要求;电流互感器备用二次线圈端子应短接接地;套管顶部结构的接触及密封应符合产品技术文件的要求
储油柜和充油套管	油位应正常
分接头	位置应符合运行要求,且指示位置正确
变压器的相位及绕组	接线组别应符合并列运行要求
测温装置	指示应正确,整定值符合要求
冷却装置	应试运行正常,联动正确;强迫油循环的变压器应启动全部冷却装置,循环 4h 以上,并应排完残留空气
电气试验	变压器的全部电气试验应合格;保护装置整定值应符合规定;操作及联动试验应正确
局部放电	测量前、后本体绝缘油色谱试验比对结果应合格

3. 试运行检查项目

变压器试运行时的规定项目进行检查见表 6-7。

变压器试运行时的检查项目　　　表 6-7

项　目	要　求
中心点接地	中性点接地系统的变压器,在进行冲击合闸时,其中性点必须接地

项　目	要　求
冲击合闸	变压器第一次投入时,可全电压冲击合闸。冲击合闸时,变压器宜由高压侧投入;对发电机变压器组接线的变压器,当发电机与变压器间无操作断开点时,可不作全电压冲击合闸,只作零起升压
	变压器应进行 5 次空载全电压冲击合闸,应无异常情况;第一次受电后持续时间不应少于 10min;全电压冲击合闸时,其励磁涌流不应引起保护装置动作
对相位	变压器并列前,应核对相位
焊缝和连接面	带电后,检查本体及附件所有焊缝和连接面,不应有渗油现象

　　冲击试验通过后,便可对变压器进行带负荷运行,在试运行中,要观察变压器的各种保护和测温装置等投入使用,并定时对变压器的温升、油位、渗漏和冷却器运行等情况进行检查记录。对装有调压装置的变压器,还可以进行带电调压试验,并逐级观察屏上电压表指示值是否与变压器的铭牌给定值相符。变压器带一定负荷运行 24h 后无任何故障,即可移交用户。

6.2　高压开关、断路器安装与调试

6.2.1　隔离开关、负荷开关及高压熔断器

1. 安装准备
隔离开关、负荷开关及高压熔断器安装准备见表 6-8。

隔离开关、负荷开关及高压熔断器安装准备　　表 6-8

项目	要　求
运输和装卸	高压隔离开关、负荷开关及高压熔断器的运输、装卸,应符合设备箱的标注及产品技术文件的要求
现场检查	(1)按照运输单清点,检查运输箱外观应无损伤和碰撞变形痕迹。 (2)瓷件应无裂纹和破损

续表

项目	要　求
现场保管	(1)设备运输箱应按其不同保管要求置于室内或室外平整、无积水且坚硬的场地。 　设备及瓷件的保管,尤其是110kV以上三相隔离开关的瓷件包装体积较大,应放置在土质较硬、平整无积水的场地上,防止因地质松软下陷而碰撞损伤。 (2)设备运输箱应按箱体标注安置;瓷件应安置稳妥;装有触头及操动机构金属传动部件的箱子应有防潮措施
开箱检查	(1)隔离开关、负荷开关、高压熔断器运到现场后,由于保管需要等各种原因往往不能及时开箱检查。开箱检查宜结合安装进度进行,但要充分考虑可能存在的问题,为了确认制造厂没有少发或错发货,可以对装有出厂技术资料等先开箱。 (2)产品技术文件应齐全;到货设备、附件、备品备件应与装箱单一致;核对设备型号、规格应与设计图纸相符。 (3)设备应无损伤变形和锈蚀、漆层完好。 (4)镀锌设备支架应无变形、镀锌层完好、无锈蚀、无脱落、色泽一致。 (5)瓷件应无裂纹、破损;瓷瓶与金属法兰胶装部位应牢固密实,并应涂有性能良好的防水胶;法兰结合面应平整、无外伤或铸造砂眼;支柱瓷瓶外观不得有裂纹、损伤。 (6)导电部分可挠连接应无折损,接线端子(或触头)镀银层应完好

2. 安装与调试

隔离开关、负荷开关及高压熔断器的安装与调试见表6-9。

隔离开关、负荷开关及高压熔断器的安装与调试　表6-9

项目	要　求
基础检查	(1)应符合产品技术文件要求。 (2)混凝土强度应达到设备安装要求。 (3)基础的中心距离及高度的偏差不应大于10mm。 (4)预留孔或预埋件中心线偏差不应大于10mm;基础预埋件上端应高出混凝土表面1~10mm。 (5)预埋螺栓中心线的偏差不应大于2mm

143

项目	要 求
设备支架的检查及安装	（1）应符合产品技术文件要求。 （2）设备支架外形尺寸符合要求。封顶板及铁件无变形、扭曲，水平偏差符合产品技术文件要求。 （3）设备支架安装后，检查支架柱轴线，行、列的定位轴线允许偏差为5mm，支架顶部标高允许偏差为5mm，同相根开允许偏差为10mm
隔离开关、负荷开关及高压熔断器安装时的检查	（1）隔离开关相间距离允许偏差：220kV及以下 10mm。相间连杆应在同一水平线上。 （2）接线端子及载流部分应清洁，且应接触良好，接线端子（或触头）镀银层无脱落。 （3）绝缘子表面应清洁、无裂纹、破损、焊接残留斑点等缺陷，瓷瓶与金属法兰胶装部位应牢固密实。 （4）支柱绝缘子不得有裂纹、损伤，并不得修补。外观检查有疑问时，应做探伤试验。 （5）支柱绝缘子应垂直于底座平面（V形隔离开关除外），且连接牢固；同一绝缘子柱的各绝缘子中心线应在同一垂直线上；同相各绝缘子柱的中心线应在同一垂直平面内。 （6）隔离开关的各支柱绝缘子间应连接牢固；安装时可用金属垫片校正其水平或垂直偏差，使触头相互对准、接触良好。 （7）均压环和屏蔽环应安装牢固、平正，检查均压环和屏蔽环无划痕、毛刺；均压环和屏蔽环宜在最低处打排水孔。 （8）安装螺栓宜由下向上穿入，隔离开关组装完毕，应用力矩扳手检查所有安装部位的螺栓，其力矩值应符合产品技术文件要求。 （9）隔离开关的底座传动部分应灵活，并涂以适合当地气候条件的润滑脂。防止其底座由于装配过紧和轴承缺少润滑脂而造成转动不灵， （10）操动机构的零部件应齐全，所有固定连接部件应紧固，转动部分应涂以适合当地气候条件的润滑脂
开关传动装置的安装调试	（1）拉杆与带电部分的距离应符合现行国家标准《电气装置安装工程 母线装置施工及验收规范》GB 50149的有关规定。

项目	要　　求
开关传动装置的安装调试	(2)拉杆的内径应与操动机构轴的直径相配合,两者间的间隙不应大于1mm;连接部分的销子不应松动。以防由于松动而影响操作;连接部分的销子不应松动,是否焊死不作规定。 (3)当拉杆损坏或折断可能接触带电部分而引起事故时,应加装保护环。 (4)延长轴、轴承、联轴器、中间轴承及拐臂等传动部件,其安装位置应正确,固定应牢靠;传动齿轮啮合应准确,操作应轻便灵活。 (5)定位螺钉应按产品技术文件要求进行调整并加以固定。 (6)所有传动摩擦部位,应涂以适合当地气候条件的润滑脂。 (7)隔离开关、接地开关平衡弹簧应调整到操作力矩最小并加以固定;接地开关垂直连杆上应涂以黑色油漆标识
开关操动机构的安装调试	(1)操动机构应安装牢固,同一轴线上的操动机构安装位置应一致。 (2)电动操作前,应先进行多次手动分、合闸,机构动作应正确。 (3)电动机的转向应正确,机构的分、合闸指示应与设备的实际分、合闸位置相符。 (4)机构动作应平稳、无卡阻、冲击等异常情况。 (5)限位装置应正确可靠,到达规定分、合极限位置时,应可靠地切除电源;辅助开关动作应与隔离开关动作一致、接触准确可靠。 (6)隔离开关过死点、动静触头间相对位置、备用行程及动触头状态,应符合产品技术文件要求。 (7)隔离开关分合闸定位螺钉,应按产品技术文件要求进行调整并加以固定。 (8)操动机构在进行手动操作时,应闭锁电动操作。 (9)机构箱应密闭良好、防雨防潮性能良好,箱内安装有防潮装置时,加热装置应完好,加热器与各元件、电缆及电线的距离应大于50mm;机构箱内控制和信号回路应正确并应符合现行国家标准《电气装置安装工程盘、柜及二次回路结线施工及验收规范》GB 50171的有关规定

项目	要　　求
隔离开关或负荷开关的手柄和触头	(1)当拉杆式手动操动机构的手柄位于上部或左端的极限位置，或涡轮蜗杆式机构的手柄位于顺时针方向旋转的极限位置时，应是隔离开关或负荷开关的合闸位置；反之，应是分闸位置。 (2)隔离开关、负荷开关合闸状态时触头间的相对位置、备用行程，分闸状态时触头间的净距或拉开角度，应符合产品技术文件要求。 (3)具有引弧触头的隔离开关由分到合时，在主动触头接触前，引弧触头应先接触；从合到分时，触头的断开顺序相反。 (4)三相联动的隔离开关，触头接触时，不同期数值应符合产品技术文件要求。当无规定时，最大值不得超过20mm
开关导电部分	(1)触头表面应平整、清洁，并应涂以薄层中性凡士林；载流部分的可挠连接不得有折损；连接应牢固，接触应良好；载流部分表面应无严重的凹陷及锈蚀。 (2)触头间应接触紧密，两侧的接触压力应均匀且符合产品技术文件要求，当采用插入连接时，导体插入深度应符合产品技术文件要求。 (3)设备连接端子应涂以薄层电力复合脂。连接螺栓应齐全、紧固，紧固力矩符合现行国家标准《电气装置安装工程母线装置施工及验收规范》GB 50149 的规定。引下线的连接不应使设备接线端子受到超过允许的承受应力。 (4)合闸直流电阻测试应符合产品技术文件要求
隔离开关及负荷开关	(1)在室内间隔墙的两面，以共同的双头螺栓安装隔离开关时，应保证其中一组隔离开关拆除时，不影响另一侧隔离开关的固定。 　在室内同一隔墙的两面安装两组隔离开关时，往往共同使用一组双头螺栓固定，如其中一组隔离开关拆除时，安装人员应注意不得使隔墙另一组隔离开关松动。 (2)隔离开关的闭锁装置应动作灵活、准确可靠；带有接地刀的隔离开关，接地刀与主触头间的机械或电气闭锁应准确可靠。 (3)隔离开关及负荷开关的辅助开关应安装牢固、动作准确、接触良好，其安装位置便于检查；装于室外时，应有防雨措施

项　目	要　　求
负荷开关的安装及调试	除应符合上述有关规定外，尚应符合下列规定。 （1）在负荷开关合闸时，主固定触头应与主刀可靠接触；分闸时，三相的灭弧刀片应同时跳离固定灭弧触头。 （2）灭弧筒内产生气体的有机绝缘物应完整无裂纹，灭弧触头与灭弧筒的间隙应符合要求。 （3）负荷开关三相触头接触的同期性和分闸状态时触头间净距及拉开角度，应符合产品技术文件要求。 （4）带油的负荷开关的外露部分及油箱应清理干净，油箱内应注以合格油并应无渗漏
人工接地开关的安装及调试	除应符合上述有关规定外，尚应符合下列要求： （1）人工接地开关的动作应灵活可靠，其合闸时间应符合产品技术文件和继电保护规定。 （2）人工接地开关的缓冲器应经详细检查，其压缩行程应符合产品技术文件要求
高压熔断器的安装	（1）带钳口的熔断器，其熔丝管应紧密地插入钳口内。 （2）装有动作指示器的熔断器，应便于检查指示器的动作情况。 （3）跌落式熔断器熔管的有机绝缘物应无裂纹、变形；熔管轴线与铅垂线的夹角应为 $15°\sim30°$，其转动部分应灵活；跌落时不应碰及其他物体而损坏熔管。 （4）熔丝的规格应符合设计要求，且无弯曲、压扁或损伤，熔体与尾线应压接紧密牢固

6.2.2　真空断路器

适用于额定电压为 $3\sim35kV$ 的户内式真空断路器和户内式高压开关柜。

1. 安装准备

真空断路器的安装准备见表 6-10。

2. 真空断路器的安装与调试

真空断路器已做到本体和机构一体化设计制造，真空断路器安装与调试比其他断路器容易，主要是就位安装、传动检查、试验工作，现场安装检查调试内容较少，如对触头开距、超行程、合闸时外触头弹簧高度及油缓冲器手动慢合等进行调试的项目已经不能在现场进行，现场主要是通过交接试验来对产品的性能进行验证。

真空断路器的安装与调试见表 6-11。

真空断路器的安装准备　　　　　表 6-10

项目	要　　　求
运输和装卸	(1)真空断路器和高压开关柜应按制造厂和设备包装箱要求运输、装卸，其过程中不得倒置、强烈振动和碰撞。真空灭弧室的运输应按易碎品的有关规定进行。 真空断路器的主要部件灭弧室，其外壳多采用玻璃、陶瓷材质，各零部件在运输过程中不应损伤、破裂、变形、丢失及受潮。所有运输措施应经过验证。在运输过程中不得倒置，不得遭受强烈振动和碰撞。产品采用防潮、防振的包装，在包装箱上标以"玻璃制品"、"小心轻放"、"不准倒置"以及"防雨防潮"等明显标志，真空灭弧室的运输应按易碎品的有关规定进行。 (2)真空断路器和高压开关柜运到现场后，包装应完好，设备运输单所有部件应齐全
开箱检查	(1)真空断路器、手车式开关柜运到现场后，应及时检查，尤其对灭弧室、绝缘部件以及开关柜的手车等应重点检查。 (2)设备装箱单设备部件和备件应齐全、无锈蚀和机械损伤。 (3)灭弧室、瓷套与铁件间应粘合牢固、无裂纹及破损。 (4)绝缘部件应无变形、受潮。 (5)断路器支架焊接应良好，外部防腐层应完整。 (6)产品技术文件应齐全
现场保管	(1)应存放在通风、干燥及没有腐蚀性气体的室内，存放时不得倒置。 (2)真空断路器在开箱保管时不得重叠放置。 (3)真空断路器若长期保存，应每 6 个月检查 1 次，在金属零件表面及导电接触面应涂防锈油脂，用清洁的油纸包好绝缘件。 (4)保存期限如超过真空灭弧室上注明的允许储存期，应重新检查真空灭弧室的内部气体压强

真空断路器的安装与调试

表 6-11

项目	要　　求
安装与调试	(1)真空断路器的安装与调试,应符合产品技术文件的要求。 (2)安装应垂直,固定应牢固,相间支持瓷套应在同一水平面上。 (3)三相联动连杆的拐臂应在同一水平面上,拐臂角度应一致。 (4)具备慢分、慢合功能,在安装完毕后,应先进行手动缓慢分、合闸操作,手动操作正常,方可进行电动分、合闸操作。 (5)真空断路器的行程、压缩行程在现场能够测量时,其测量值应符合产品技术文件要求;三相同期应符合产品技术文件要求。 (6)安装有并联电阻、电容的,并联电阻、电容值应符合产品技术文件要求
导电部分	(1)导电回路接触电阻值,应符合产品技术文件要求。 (2)设备接线端子的搭接面和螺栓紧固力矩,应符合现行国家标准《电气装置安装工程　母线装置施工及验收规范》GB 50149 的规定

7 柴油发电机和不间断电源安装与调试

7.1 柴油发电机组安装与调试

7.1.1 机组接线

1. 机组接线

（1）发电机及控制箱接线应正确可靠。馈电出线两端的相序必须与电源原供电系统的相序一致。

（2）发电机随机的配电柜和控制柜接线应正确无误，所有紧固件应紧固牢固，无遗漏脱落。开关、保护装置的型号、规格必须符合设计要求。

2. 安装地线

（1）发电机中性线（工作零线）应与接地母线引出线直接连接，螺栓防松装置齐全，有接地标志。

（2）发电机本体和机械部分的可接近导体均应保护接地（PE）或接地线（PEN），且有标志。

7.1.2 机组交接试验与试运行

1. 机组交接试验

（1）柴油发电机的试验必须符合设计要求和相关技术标准的规定。

（2）发电机的试验必须符合表 7-1 的规定，并做好记录，检查时最好有厂家在场或直接由厂家完成。

（3）发电机至配电柜的馈电线路其相间、相对地间的绝缘电阻值大于 0.5MΩ。塑料绝缘电缆出线，其直流耐压试验为 2.4kV，时间 15min，泄漏电流稳定，无击穿现象。

（4）根据厂家提供的随机资料，检查和校验随机控制屏的接线是否与图纸一致。

发电机交接试验　　　　　　　　表 7-1

序号	内容 部位		试验内容	试验结果
1	静态 试验	定子 电路	测量定子绕组的绝缘电阻和吸收比	400V 发电机绝缘电阻值大于 0.5MΩ，其他高压发电机绝缘电阻不低于其额定电压 1MΩ/kV； 沥青浸胶及烘卷云母绝缘吸收比大于 1.3； 环氧粉云母绝缘吸收比大于 1.6
2			在常温下，绕组表面温度与空气温度差在 ±3℃ 范围内测量各相直流电阻	各相直流电阻值相互间差值不大于最小值的 2%，与出厂值在同温度下比差值不大于 2%
3			1kV 以上发电机定子绕组直流耐压试验和泄漏电流测量	试验电压为电机额定电压的 3 倍。试验电压按每级 50% 的额定电压分阶段升高，每阶段停留 1min，并记录泄漏电流；在规定的试验电压下，泄漏电流应符合下列规定： （1）各相泄漏电流的差别不应大于最小值的 100%，当最大泄漏电流在 20μA 以下，各相间的差值可不考虑。 （2）泄漏电流不应随时间延长而增大。 （3）泄漏电流不应随电压不成比例显著增长

序号	内容/部位		试验内容	试验结果
4	静态试验	定子电路	交流工频耐压试验 1min	试验电压为 $1.6U_n+800V$，无闪络击穿现象，U_n 为发电机额定电压
5		转子电路	用 1000V 兆欧表测量转子绝缘电阻	绝缘电阻值大于 0.5MΩ
6			在常温下，绕组表面温度与空气温度差在±3℃范围内测量绕组直流电阻	数值与出厂值在同温度下比差值不大于 2%
7			交流工频耐压试验 1min	用 2500V 摇表测量绝缘电阻替代
8		励磁电路	退出励磁电路电子器件后，测量励磁电路的线路设备的绝缘电阻	绝缘电阻值大于 0.5MΩ
9			退出励磁电路电子器件后，进行交流工频耐压试验 1min	试验电压 1000V，无击穿闪络现象
10		其他	有绝缘轴承的用 1000V 兆欧表测量轴承绝缘电阻	绝缘电阻值大于 0.5MΩ
11			测量检温计（埋入式）绝缘电阻，校验检温计精度	用 250V 兆欧表检测不短路，精度符合出厂规定
12			测量灭磁电阻，自同步电阻器的直流电阻	与铭牌相比较，其差值为±10%
13	运转试验		发电机空载特性试验	按设备说明书比对，符合要求
14			测量相序和残压	相序与出线标识相符
15			测量空载和负荷后轴电压	按设备说明书比对，符合要求
16			测量启停试验	按设计要求检查，符合要求
17			1kV 以上发电机转子绕组膛外、膛内阻抗测量（转子如抽出）	应无明显差别
18			1kV 以上发电机灭磁时间常数测量	按设备说明书比对，符合要求
19			1kV 以上发电机短路特性试验	按设备说明书比对，符合要求

2. 空载试运行

柴油发电机组空载运行应检查无油、水泄漏，手盘机械运转平稳，转速自动或手动符合要求。机组空载运行合格后方可做发电机空载试验。

断开柴油发电机组负载侧的断路器或 ATS，将机组控制屏的控制开关设定到"手动"位置，按启动按钮。检查机油压力表，检查机组电压、电池电压、频率是否在误差范围内，并及时进行适当调整。

以上一切正常，可接着完成正常停车与紧急停车。

3. 带负荷试运行

空载运行合格后按"机组加载"按钮，由机组向负载供电；先进行假性负载试验合格后，由机组向负荷供电。

检查发电机组运行是否平稳，频率、电压、电流及功率是否正常；一切正常后发电机停机，控制屏上的控制开关设定到"自动"状态。

7.2 不间断电源（UPS）安装与调试

7.2.1 UPS 安装与接线

1. 母线、电缆安装

（1）配电室内的母线支架应符合设计要求。支架（吊架）以及绝缘子铁脚应做防腐处理，涂刷耐酸涂料。

（2）引出电缆敷设应符合设计要求。宜采用塑料护套电缆带标明正、负极性。正极为赭色、负极为蓝色。

（3）所采用的套管和预留洞处，均应用耐酸、碱材料密封。

（4）母线安装应上述 5.2 中相关内容进行，还应在连接处涂电力复合脂和防腐处理。

2. 机架安装

（1）机架的型号、规格和材质应符合设计要求。其数量间距应符合设计要求。

（2）高压蓄电池架，应用绝缘子或绝缘垫与地面绝缘。

（3）安放不间断电源的机架组装应平整、不得歪斜，水平度、垂直度允许偏差不应大于 1.5‰，紧固件齐全。

（4）机架安装应做好接地线的连接。

（5）机架有单层架和双层架，每层上安装又有单列、双列之分，在施工过程中可根据不间断电源的容量及外形尺寸进行调整。

（6）不间断电源采用铅酸蓄电池时，其角钢与电源接触部分衬垫 2mm 厚耐酸软橡皮，钢材必须刷防酸漆；埋在机架内的桩柱定位后用沥青浇灌预留孔。

（7）不间断电源采用镉镍蓄电池和全密封铝酸电池时，机架不需做防酸处理。

3. 机柜接线

（1）不间断电源（UPS）的引线最好是选用多股铜芯软电线、输入输出电线截面的选用，一般按照 $4\sim6A/mm^2$ 计算，电池引线可按照 $2A/mm^2$，电源输出端的中性线（N），必须与接地装置直接引来的接地干线相连接，做重复接地，可接近裸露导体应与 PE 或 PEN 线连接可靠，且有标志。

（2）制作电缆接头，接头制作应按上述 2.4 中相关内容进行。

（3）按照安装说明、施工图纸可靠牢固地连接各线缆。

（4）电池组整齐排布于电池室内或专用支架上。电池组接线应注意正负极的统一，接线应牢固可靠。

4. 蓄电池组安装

（1）蓄电池的安装应按设计图纸及有关技术文件进行施工。

（2）同一蓄电池组应采用同型号产品，蓄电池安装正负端柱极性应正确。

（3）蓄电池槽与台架之间用绝缘子隔开，槽与绝缘子之间应采用铅制或耐酸材料的软制垫片。

（4）蓄电池极板焊接前焊口应刮净打光，相互对正，焊接成型应美观，不得有虚焊，气孔或弯曲、歪斜及破损现象，焊接应由专业气焊工操作并由电工配合。

（5）新旧蓄电池不得混用；存放超过三个月的蓄电池必须进行补充充电；每只电池的极板片数应符合产品技术的要求，电池组绝缘良好，安装平稳，编号正确。

（6）对照施工图纸及设备安装说明检查各系统回路接线，并制作线缆回路标志标签。

（7）安装时必须避免短路，并使用绝缘工具、戴绝缘手套，严防电击。

（8）按规定的串并联线路连接列间、层间、面板端子的电池连线，应非常注意正负极性，在满足截面要求的前提下，引出线应尽量短；并联的电池组各组到负载的电缆应等长，以利于电池充放电时各组电池的电流均衡。

（9）电池的连接螺栓必须紧固，但应防止拧紧力过大损坏极柱。

（10）再次检查系统电压和电池的正负极方向，确保安装正确；并用肥皂水和软布清洁蓄电池表面和接线。

（11）不间断电源的整流、逆变、静态开关各个功能单元都要单独试验合格才能进行系统整体试验调试。

（12）在系统内各设备运转正常的情况下调整设备，使系统各项指标满足设计要求。

7.2.2 UPS 检查、测试与试运行

1. 检查

（1）检查各电子元件及配线是否牢固，检查蓄电池有没有裂纹鼓肚和损伤。

（2）检查系统电压和电池的正负方向，确保安装正确；并用清洁剂和软布清洁蓄电池表面和线缆。

（3）采用后备式和方波输出的 UPS 电源时，其负载不能是

容感性负载（变频器、交流电机、风扇、吸尘器等）；不允许在不间断电源工作时用与不间断电源相连的插座接通容感性负载。

（4）检查接地和通风是否符合要求。

2. 测试

（1）对不间断电源的各功能单元进行试验测试，全部合格后方可进行不间断电源的试验和检测。

（2）测试不间断电源的输入输出连线的线间、线对地间的绝缘电阻值应大于 $0.5M\Omega$；接地电阻符合要求。

（3）根据厂家技术资料，正确设定蓄电池的浮充电压和均充电压，对 UPS 进行通电带负载测试。

（4）按使用说明书的要求，按顺序启动 UPS 和关闭 UPS。

（5）对不间断电源进行稳态测试和动态测试。稳态测试时主要应检测 UPS 的输入、输出、各级保护系统；测量输出电压的稳定性、波形畸变系统、频率、相位、效率、静态开关的动作是否符合技术文件和设计要求；动态测试应测试系统接上或断开负载时的瞬间工作状态，包括突加或突减负载、转移特性测试；其他的常规测试还应包括过载测试、输入电压的过压和欠压保护测试、蓄电池放电测试等。

3. 电源性能测试

（1）按接口规范检测接口的通信功能。

（2）检查连锁控制，确保因故障引起的断路器跳闸不会导致备用断路器闭合（对断路器手动恢复除外），反之亦然。

（3）采用试验用开关模拟电网故障，测验转换顺序。

（4）用辅助继电器设置故障，检测系统的自动转换动作的转移特性。

（5）正常电源与备用电源的转换测试：

当正常电源故障或其电压降到额定值的 70% 以下，计时器开始计时，如超过设定的延时时间（0～15s）故障仍存在，且 UPS 电源电压已经达到其额定值的 90% 的前提下，自动转换开关开始动作，由 UPS 电源供电；一旦正常电源恢复，经延时后确认电压已经稳定，自动转换开关必须能够自动切换到正常电源供电，同时通过手动切换恢复正常供电的功能也必须具备。

（6）检查声光报警装置的报警功能。

（7）检查系统对不间断电源运行状况的监测和显示情况。

（8）检测不间断电源的噪声：输出额定电流为 5A 及以下的小型 UPS，其噪声不大于 30dB，大型 UPS 的噪声不大于 45dB。

4. 试运行

不间断电源设备经过测试试验合格后，按操作程序进行合闸操作。先合引入电源的主回路开关，并检查电压指示是否正常。

再合充电回路开关，观察充电电流指示是否正常，随着电压上升，当达到其浮充电压时，充电器改为恒流工作。然后闭合逆变回路，测量输出的电压是否正常。经过空载试运行试验 24h 无误后，进行带负载运行试验，并观察电压、电流等指示正常后，可验收交付使用。

8 照明装置安装与通电试运行

8.1 普通灯具安装

8.1.1 灯具固定与组装

1. 固定件安装固定

根据施工图纸要求土建施工时，在混凝土结构上需安装灯具时，应配合预埋铁件，螺钉、螺栓、支架、木砖等，应先测位划线，成排灯具预留应挂通线，确保安装位置正确，再按划线预埋铁件、螺钉、螺栓、吊钩、木砖等。

没要求预留预埋件的灯具，安装前应先测位划线，确保灯具位置准确，成排灯具横平竖直，根据灯具的重量匹配膨胀螺栓、尼龙胀塞、塑料胀塞等，然后用电锤打眼，安装固定件。

2. 软线吊灯组装

软线应采用编织线（紫花线）应按灯具需要长度，留有适当裕量截断，剥出一定长度扭紧，线头应用焊锡膏。挂锡时，不得用酸去污。

挂锡后应按顺时针方向弯钩压在接线螺钉上，吊盒与灯头两端应结保险扣。编织线带点一根应接相线，无点的接零线，如采用螺口灯头，相线应接在螺口灯座的中心簧片的接线螺钉上。

3. 组合式吸顶花灯的组装

（1）选择适宜的场地，将灯具的包装箱、保护薄膜拆开铺好。

（2）按照说明书及示意图把各个灯口装好。如有端子板或瓷接头，应按要求将导线接在端子上。

（3）灯内穿线的长度应适宜，多股软线头应搪锡。

（4）应注意统一配线颜色以区分相线与零线，对于螺口灯座中心簧片应接相线，不得混淆。

（5）理顺灯内线路，用线卡或尼龙扎带固定导线以避开灯泡发热区。

（6）组装完成通临时电试验，确认合格后准备安装。

4. 吊顶花灯的组装

（1）选择适宜的场地，将灯具的包装箱，保护薄膜拆开铺好。

（2）首先将导线从各个灯座口穿到灯具本身的接线盒内。导线一端盘圈并搪锡后接好灯头。理顺各个灯头的相线与零线，另一端区分相线与零线后分别引出电源接线，最后将电源结线从吊杆中穿出。

（3）组装完成通临时电试验，确认合格后准备安装。

5. 日光灯组装

（1）日光灯配线，可采用多股塑料铜芯软线，软线头应挂锡，如采用吊链安装，应将导线编叉在吊链内，从灯箱引入吊盒，为防止导线磨损，灯箱导线出口处应套软管保护导线。

（2）日光灯的接线应正确，电容器应并联在镇流器前侧的电源电路配线中，不应串联在电路内。

（3）双管及双管以上日光灯采用吊链安装时，应采用金属吊盒，不应采用塑料或胶木吊盒，防止吊盒老化和强度不足灯具脱落伤人。

（4）日光灯通临时电试验。如镇流器响声较大，在灯具运行1h后测量，把拾音器置于与被测镇流器同高并距出线端边缘10cm处，用噪声仪测量，如测量值超过 35dB 时应更换。

8.1.2 常用灯具安装与接线

为防止触电，特别是防止更换灯泡时触电，灯头绝缘外壳不应有破损或裂纹等缺陷；带开关的灯头，开关手柄不应有裸露的金属部分。

连接吊灯灯头的软线应作保护扣，两端芯线应搪锡压线，当采取螺口灯头时，相线应接于灯头中间触点的端子上。

常用灯具安装与接线操作要点见表8-1。

常用灯具安装与接线操作要点 　　　　表 8-1

灯具类型	安装与接线操作要点
普通座式灯头	(1)将电源留有一定裕量,备有维修长度,将导线穿入木台或塑料台上,用螺钉或自攻螺钉将木台或塑料台固定在预埋件、木砖或灯头盒上,也可用尼龙胀塞或塑料胀塞固定。 (2)剥去导线皮,将导线穿入座灯头,区分相线与零线,螺口灯头灯座中心簧片应接相线,不得混淆,用螺钉固定座式灯座,将导线接在接线螺钉上,去掉多余导线,安上灯套,有灯罩安上灯罩,并安上灯泡
悬吊式灯具	(1)带升降器的软线吊灯在吊线展开后,灯具下沿应高于工作台面 0.3m。 带升降器的软线吊灯具在吊线展开后不应触及工作台面或过于接近台面上的易燃物品,否则容易发生灯具玻璃灯罩或灯管(泡)碰到工作台面爆裂造成人身伤害,且能防止较热光源长时间靠近台面上的易燃物品,烤焦台面物品。 (2)质量大于 0.5kg 的软线吊灯,应增设吊链(绳);普通软线吊灯,大部分已用双绞塑料线取代纱包花线,抗拉强度有所降低,约可承受 0.8kg 的质量而不被拉断。为确保安全,规定软线吊灯超过 0.5kg 时,应增设吊链或吊绳。 (3)质量大于 3kg 的悬吊式灯具,应固定在吊钩上,吊钩的圆钢直径不应小于灯具挂销直径,且不应小于 6mm。 固定悬吊灯具的螺栓或吊钩与灯具是等强度关系,为避免螺栓或吊钩受意外拉力,发生灯具坠落现象,规定了螺栓或吊钩圆钢直径的下限。 (4)采用钢管作灯具吊杆时,钢管应有防腐措施,其内径不应小于 10mm,壁厚不应小于 1.5mm。 用钢管作灯具吊杆时,如果钢管内径太小,不利于穿线;管壁太薄,不利于套丝,套丝后强度也不能保证

灯具类型	安装与接线操作要点
日光灯	(1)吸顶日光灯安装,根据定位划线确定日光灯的位置,将日光灯贴紧建筑物表面,日光灯的灯箱应完全遮盖住灯头盒,对着灯头盒的位置打好进线孔,将电源线甩入灯箱,在进线孔处应套上塑料管以保护导线,找好灯头盒螺孔或预埋件的位置,在灯箱的底板上用电钻打好孔,用机螺钉或螺钉拧牢固,在灯箱的底板上用电钻打好孔,用机螺钉或螺钉拧牢固,在灯箱的另一端应使用膨胀螺栓或预埋件用螺钉进行固定,如果日光灯是安装在吊顶上的,应该用自攻螺钉将灯箱固定在龙骨上,灯箱固定好后,将电源线压入灯箱内的端子板(瓷接头)上或将导线扭紧挂锡包扎一层橡皮绝缘胶带和两层绝缘胶带或两层塑料绝缘胶带,把灯具的反光板固定在灯箱上,并将灯箱调整顺直,最后把日光灯管启辉器等装好。 (2)吊杆、吊链日光灯安装:根据定位划线的位置,将电源引上安装日光灯的底盘,然后安装固定好灯具底盘,将组装好的日光灯的引线与电源线进行连接,有接线端子的,应压接在端子上,无端子的将灯具导线和灯头盒中甩出的电源线连接,并用橡皮胶带和黑胶布或塑料胶带分层包扎紧密。理顺接头扣于法兰盘内,法兰盘吊盒的中心应与底座中心对正,用螺钉将其拧牢固。调整好灯具,将灯管启辉器等装好
花灯	(1)各型组合式吸顶花灯安装:根据预埋件或螺栓及灯头盒位置。在灯具的托板上用电钻打好安装孔和出线孔,安装时将托板托起,将电源线和从灯具甩出的导线连接并包扎严密。应尽量把导线塞入灯头盒内,然后把托板的安装孔对准预埋件或螺栓,使托板四周和顶棚贴紧,用螺钉或螺母将其拧紧,调整好位置和各个灯口,悬挂好灯具的各种装饰物,并上好灯管或灯泡,并安装灯罩。 (2)吊式花灯安装:将灯具托起,并把预埋好的吊钩、吊杆挂入或插入灯具内,把吊挂销钉插入后将固定销钉的小销钉其尾部掰成燕尾状,并且将其压平。导线接好头,包扎严实。理顺后向上推起灯具上部的扣碗,将接头扣于其内,且将扣碗紧贴顶棚,拧紧固定螺钉。调整好各个灯口上好灯泡,最后配上灯罩

灯具类型	安装与接线操作要点
光带	光带架按设计已完成,根据灯具的外形尺寸确定其支架的支撑点,再根据灯具的具体重量经过认真核算,选用型材制作支架,做好后,根据灯具的安装位置,用预埋件或用膨胀螺栓把支架固定牢固。 轻型光带的支架可以直接固定在主龙骨上;大型光带必须先下好预埋件,将光带的支架用螺钉固定在预埋件上,固定好支架,将光带的灯箱用机螺钉固定在支架上,再将电源线引入灯箱与灯具的导线连接并包扎绝缘带紧密(光带电源线配管应采用钢管或可挠性金属软管),调整各个灯口和灯脚,装上灯泡和灯管,上好灯罩。 最后调整灯具的边框应与顶棚面的装修直线平行,如果灯具对称安装,其纵向中心轴线应在同一直线上,偏斜不应大于 5mm
壁灯	根据灯具的外形选择或制作灯具底盘把灯具摆放在上面,四周留出的余量要对称,然后用电钻在底盘上开出线孔和安装孔,在灯具的底盘上也开好安装孔。将灯具的灯头线从底盘的入线孔甩出,在墙壁上的灯头盒内接头,并包扎严密,将接头塞入盒内。把底盘对正灯头盒,贴紧墙面,可用机螺钉将底盘直接固定在盒子耳朵上,也可采用胀管固定。调整底盘或灯具使其平正、不歪斜,再用机螺钉将灯具拧在底盘上,如有灯头盒也可不加底盘把灯具直接固定在墙壁上。最后配好灯泡、灯管和灯罩,安装在室外的壁灯,其台板或灯具底盘与墙面之间应加防水胶垫,并应打好泄水孔
嵌入式灯具	嵌入式灯具在工程中得到广泛应用,其固定可采用专设框架,也可通过吊链或吊杆固定。 (1)应预先提交有关位置及尺寸交有关人员开孔或已按设计嵌入式灯框已做好;配管应到位,不应有外露导线。 (2)灯具的边框应紧贴安装面。 (3)多边形灯具应固定在专设的框架或专用吊链(杆)上,固定用的螺钉不应少于 4 个。 (4)接线盒引向灯具的电线应采用导管保护,电线不得裸露;导管与灯具壳体应采用专用接头连接。当采用金属软管时,其长度不宜大于 1.2m

灯具类型	安装与接线操作要点
投光灯	投光灯的底座及支架应固定牢固,枢轴应沿需要的光轴方向拧紧固定。根据预埋的铁件或支架制作固定灯具的底板;如预埋铁件,应按投光灯底座的大小,制作支架和底板,先用角钢(∟50×5)切割做成支架,用不小于30mm厚的钢板切割成底板,并按投光灯底座固定螺孔将支架和底板划线,用电钻钻孔,然后将支架采用焊接固定在预埋件上,再将底板采用焊接或螺栓固定在支架上;如原已将支架预埋好,可制作底板,将底板按投光灯底座固定螺孔划线,用电钻钻孔,然后将底板固定在支架上,底板可采用焊接或螺栓固定;去污除锈,涂刷两遍防锈漆,两遍面漆,色泽根据实际情况定;如采用镀锌钢材,螺栓连接可不涂刷油漆。 　　底板固定好后,将投光灯用螺栓固定在底板上,然后从接线盒将电源线加保护管(金属软管或塑料软管)连接在灯的电源端子上,保护管应到位,管头应封闭好,灯具电源导线连接,应采用焊接或压接,包扎好绝缘带,两层橡皮胶带,两层黑胶布或塑料胶带。清擦灯具,调好灯的投光位置
高压汞灯、 高压钠灯、 金属卤化物灯	高压汞灯、高压钠灯、金属卤化物灯光效高、寿命长,适用于车间、道路大面积照明,但需注意镇流器必须与灯管(泡)匹配使用,否则会影响灯管(泡)寿命或启动困难。高压汞灯可任意位置使用,但水平点燃会影响光通量输出。金属卤化物管形镝灯要求接在380V线路中,结构有水平点燃、灯头在上的垂直点燃和灯头在下的垂直点燃三种。 　　(1)光源及附件必须与镇流器、触发器和限流器配套使用。触发器与灯具本体的距离应符合产品技术文件要求。 　　(2)灯具的额定电压、支架形式和安装方式应符合设计要求。 　　(3)电源线应经接线柱连接,不应使电源线靠近灯具表面。 　　(4)光源的安装朝向应符合产品技术文件要求
埋地灯	埋地灯的防护等级关系其能否正常工作,因此采购时必须符合设计要求。为避免光源散发的热量积聚在埋地灯易触及部件上形成高温而灼伤行人,安装时应检查埋地灯的光源功率是否超过灯具额定功率。 　　(1)埋地灯防护等级应符合设计要求。 　　(2)埋地灯光源的功率不应超过灯具的额定功率。 　　(3)埋地灯接线盒应采用防水接线盒,盒内电线接头应做防水、绝缘处理

灯具类型	安装与接线操作要点
通电试运行	灯具安装完毕后,经检查确认牢固无变形,绝缘测试检查合格后,方允许通电试运行。通电后应仔细检查和巡视,检查灯具的控制是否灵活、准确;开关与灯具控制顺序是否对应,灯具有无异常噪声,如日光灯超过 35dB 或发现其他问题应立即断电,查出原因并修复

8.2 专用灯具安装

8.2.1 行灯变压器和行灯安装

1. 行灯变压器和行灯的检查

行灯变压器应为双圈变压器;电源侧和负荷侧均应有熔断器保护,熔丝额定电流分别不大于变压器的一次、二次的额定电流、变压器外壳,铁芯和低压侧的任意一端或中性点,接地(PE)或接零(PEN)可靠。行灯变压器应尽量安装在距灯具较近的地方,减少电压降。

行灯电压不大于 36V,在特殊潮湿场所或导电良好的地面上以及工作地点狭窄,行动不便的场所行灯电压不大于 12V。行灯灯体及手柄绝缘良好,坚固耐热耐潮湿;灯头与灯体结合紧密,灯头无开关,灯泡外部有金属保护网。反光罩及悬吊挂钩,挂钩固定在灯具的绝缘手柄上。

携带式局部照明灯电线采用橡套软缆,接地接零应在同一护套线内;固定在移动构架上的灯具,其导线或电缆宜敷设在移动构架内侧;在移动构架活动时,导线或电缆不应受拉力和磨损,应加塑料软管保护。

2. 支架安装

根据设计图纸要求,固定式的行灯变压器有明装用支架固定,也有装入箱内,箱内应考虑散热,一般为铁制箱,铁箱应有接地螺栓，且应有标志；明装行灯变压器安装前应先制作支架，根据变压器的大小制作 U 形架，并按行灯变压器的固定螺栓孔钻眼；行灯变压器的支架，可在土建施工时预埋铁件，安装时将支架焊在铁件上；也可将支架直接预埋在墙内；如没进行预埋，可用电锤打眼固定支架，也可打眼将支架用水泥沙浆捣实，支架埋深不小于 150mm 将支架牢固的固定；行灯变压器距地面不小于 2m，一般在行灯变压器控制箱的上方。行灯变压器安装前应进行防腐，应两度防锈漆两度面漆；有条件的在支架制作好后，进行热浸镀锌。

3. 行灯变压器安装

支架安装好后，可进行行灯变压器安装，将变压器用螺栓固定在支架上；可进行一次、二次配线，将一次、二次线接在变压器的两侧引进配电箱，一次、二次均应有开关控制，种类由设计定；行灯变压器非带电的金属部分和金属配电箱，均应接地。线路应进行绝缘电阻测试，并做好测试记录。

4. 通电试验

行灯变压器安装完毕，测试线路绝缘电阻，经检查确认符合要求，可通电试验，先将一次开关送电，行灯变压器运行正常，再送二次开关，接通行灯线路，经 8h 连续运行无问题，为符合要求。

8.2.2 应急灯和疏散指示灯

公共场所用的应急灯和疏散指示灯，要有明显的标志。公共场所照明宜装设自动节能开关。

（1）应急照明灯具必须采用经消防检测中心检测合格的产品。

（2）安全出口标志灯应设置在疏散方向的里侧上方，灯具底边宜在门框（套）上方 0.2m。地面上的疏散指示标志灯，应有防止被重物或外力损坏的措施。当厅室面积较大，疏散指示标志灯无法装设在墙面上时，宜装设在顶棚下且距地面高度不宜大于 2.5m。

（3）疏散照明灯投入使用后，应检查灯具始终处于点亮状态。

（4）应急照明灯回路的设置除符合设计要求外，尚应符合防火分区设置的要求。

（5）应急照明灯具安装完毕，应检验灯具电源转换时间，其值见表 8-2。

应急照明灯具电源转换时间　　　　表 8-2

灯　　具	电源转换时间
备用照明	不应大于 5s
金融商业交易场所	不应大于 1.5s
疏散照明	不应大于 5s
安全照明	不应大于 0.25s
应急照明	最少持续供电时间应符合设计要求

注：现行国家标准《民用建筑电气设计规范》JGJ 16—2008 第 13.8.5 条对电源转换时间作了相应规定，施工单位在灯具选用时应引起注意。

8.2.3　手术台无影灯的安装

手术台无影灯重量较大，且经常调节，所以其固定和防松是安装的关键，从预埋到固定均应严格执行下列规定：

（1）固定灯座的螺栓数量不应少于灯具法兰底座上的固定孔数，螺栓直径应与孔径匹配，螺栓应采用双螺母锁紧。

（2）固定无影灯基座的金属构架应与楼板内的预埋件焊接连接，不应采用膨胀螺栓固定。

（3）灯具的配线接线应与灯泡间隔地连接在两条专用回路上。

（4）在照明配电箱内，应设专用的总开关及分路开关。室内灯具应分别接在两条专用有回路上（宜设自动投入的备用电源装置）。

（5）开关至灯具的电线应采用额定电压不低于 450V/750V

的铜芯多股绝缘电线。

8.2.4 水下灯及防水灯具的安装

1. 灯具检查

游泳池的灯具应密闭不透水，供电电压应为12V，功率由设计定；喷水池或音乐灯光喷水池以及用来供人观赏的小品景观的水下灯具应密闭不透水；电压等级由设计定。

2. 测位画线

按施工图要求测准灯位划线配合土建预埋电源管路，并安装灯头盒，灯头盒应为防水密闭型，一般为塑料盒，进线口在接线盒的底部，与电源管应连接紧密牢固，灯头盒的出线孔应在侧面，有二通、三通、四通等多种；游泳池和类似场所灯具（水下灯及防水灯具）的接地（PE）线连接应可靠，所有金属物体均应连接为一个电气通路。灯具回路应设漏电保护开关控制。

3. 灯具组装

灯具一般安装在水下距水面30～300mm处，具体位置按施工图，灯具接地（PE）连接应可靠，且应有明显标识，自电源引入灯具的导管必须采用绝缘导管，严禁采用金属或有金属护层的导管，导线严禁在水中接头、接线必须在灯头盒中，水下灯大多为配套组装，一般安装前应通电经试验无问题可进行安装。

灯具型号规格采用的光源、颜色均应按设计的施工图采用，水中照明灯具无论采用什么方式，照明用的灯具都要有抗腐蚀性和耐水密闭构造；水中设置的灯具，有时会受到人体波浪或喷泉水浪的冲击，因此灯具面朝上的玻璃应有一定的机械强度。

4. 灯具安装

灯具安装在支架上，根据设计要求和灯具安装的技术要求制作支架，将支架固定牢固，然后将灯具固定在支架上，支架应经热浸镀锌防腐，或刷两度防锈漆，面漆两度，直接凹进地面和墙面的灯具，应与地面、墙面平齐，灯具从接线盒或灯头盒接线应选用防水电缆，灯具接线应牢固紧密，可采用压接或焊接，绝缘包扎应严密，应包扎两层橡皮高压防水胶带，两层塑料胶带，接线盒内应采用防水堵料严密封口，以防漏电，电源线出管口也应采用防水堵料严密封口，防止漏水；灯具和接线盒的密封垫应安装平整，牢固、密封严密，灯具应用配套的螺栓固定牢固。

防水防潮电气设备的导线入口及接线盒盖等应做防水密闭处理。

5. 通电试验

在通电试验前应对线路进行绝缘电阻测试，对地绝缘电阻应大于 2MΩ，并对等电位做导通试验，满足设计要求，可送电试验。试验应持续 24h。

8.3 建筑物景观照明灯安装与调试

随着城市的美化，建筑物景观照明灯具的应用日益普及。因工程需要，有些灯架安装在人员来往密集的场所或易被人接触的位置，因而要有严格的防灼伤和防触电措施。为执行国家节能政策，景观照明应设置深夜减光控制装置，节能分级要符合设计要求。

8.3.1 霓虹灯安装与调试

1. 放线定位

按设计图纸要求和现场条件进行测量，定位放线将固定灯具及变压器的支架确定，如需预埋铁件应配合土建进行预埋，或将铁件标在土建图上由土建埋设。

2. 支架制作安装

霓虹灯管支架：一般用型钢制作成框架，根据霓虹灯的大小制作支架，由设计出图制作，框架应牢固、美观，室外应抗风压和腐蚀，安装前应刷两遍防锈漆将支架固定在预埋件上，可采用电焊焊接；如没埋设铁件可采用膨胀螺栓固定，但必须满足强度要求，设计应提出意见。

变压器支架：霓虹灯变压器应尽量靠近灯管安装，可以减短高压接线，室外安装变压器离地高度不应低于 3m 应加护栏，变压器安装应放在金属箱内，箱两侧应开百叶窗通风散热，应有防雨措施，应根据放金属箱的实际情况用型钢做支架，支架可安装在墙上、屋面上，也可坐在混凝土座墩上，但必须牢固、可靠。

3. 灯具组装

霓虹灯管一般由直径 10～20mm 的玻璃管，经先放样弯制而成。灯管两端各装一个电极，玻璃管内抽成真空后，再充入氖、氦等惰性气体作为发光的介质，在电极的两端加上高压，电极发射电子激发管内惰性气体，使电流导通灯管发出红、绿、蓝、黄、白等不同颜色的光束。

4. 霓虹灯管安装

（1）灯管应完好，无破裂。

（2）灯管应采用专用的绝缘支架固定，固定应牢固可靠。固定后的灯管与建筑物、构筑物表面的距离不应小于 20mm。

（3）霓虹灯灯管长度不应超过允许最大长度。专用变压器在顶棚内安装时，应固定可靠，有防火措施，并不宜被非检修人员触及；在室外安装时，应有防雨措施。

（4）霓虹灯专用变压器的二次侧电线和灯管间的连接线应采用额定电压不低于 15kV 的高压绝缘电线。二次侧电线与建筑物、构筑物表面的距离不应小于 20mm。

（5）室内或橱窗里的小型霓虹灯管安装时，在框架上拉紧已套上透明玻璃管的镀锌铁丝，组成 200～300mm 间距的网格，然后将霓虹灯管用 ϕ0.5 的裸铜丝或弦线等与玻璃管绞紧即可。橱窗内装有霓虹灯时，橱窗门应与霓虹灯变压器一次侧开关有连锁装置，确保开门不接通霓虹灯电源，保证人身安全。

（6）霓虹灯托架及其附着基面应用难燃或不燃材料制作，固定可靠。室外安装时，应耐风压，安装牢固。

5. 霓虹灯变压器安装

霓虹灯专用变压器采用双圈式，所供灯管长度不大于允许负载长度，室外变压器及金属箱应牢固安装在支架、构架或混凝土座墩上。金属箱的百叶窗应挂钢板网，防止小动物飞禽进入，造成短路；霓虹灯支架及霓虹灯变压器的铁芯、金属外壳，输出端的一端以及保护箱等均应进行可靠的接地。

6. 霓虹灯一次电源

霓虹灯配电线路不得与其他照明设备共用一个回路。对于容量不超过 4kW 的霓虹灯，可采用单相供电，对超过 4kW 的大型霓虹灯，应三相供电、三相平衡。霓虹灯的控制，根据需要而选定，定时开关或控制开关。

控制箱一般装设在邻近霓虹灯的房间内。为防止在检修霓虹灯时触及高压，在霓虹灯与控制箱之间应加装电源控制开关和熔断器，在检修灯管时，先断开控制箱开关再断开现场的控制开关，以防止造成误合闸而使霓虹灯管带电的危险。

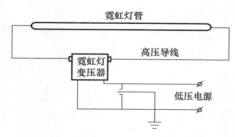

图 8-1　低压回路接装电容器图

霓虹灯通电后，灯管内会产生高频噪声电波，它将辐射到霓虹灯的周围，严重干扰电视机和收音机的正常使用。为了避免这种情况，可在低压回路上接装一个适应的电容器，如图 8-1所示。

7. 调试、试运行

调试应调试控制开关是否达到设计或用户的要求效果，能满足设计的目的和用户要求，应连续运行 24h，每 2h 做好记录，无异常可组织验收。

8.3.2 建筑物彩灯安装与调试

建筑物彩灯一般安装在女儿墙、屋脊等建筑物的外部位置，通常依附于建筑物且与建筑物的轮廓线一致，以显示建筑造型。建筑物彩灯由于安装在室外，密闭防水是施工的关键。建筑物彩灯采用 LED 等新型光源符合国家节能减排政策，并已在一些城市得到应用。所有不带电的外露可导电部分均应与保护接地线可靠连接，是为防止人身触电事故的发生。

1. 放线定位

按施工图要求先放线定位，预制铁件及预埋件，安装敷设线路及灯具，以保证线路灯具安装位置正确，整齐美观。

2. 灯具组装

检查灯具有无破损，连接灯头导线，分清相线零线，宜将零线用浅蓝色，也可将悬挂彩灯按尺寸将灯具接在悬挂导线上，连接灯头的导线及导线接头均应挂锡，灯头应临时通电试亮。

3. 安装要求

（1）当建筑物彩灯采用防雨专用灯具时，其灯罩应拧紧，灯具应有泄水孔。

（2）建筑物彩灯宜采用 LED 等节能新型光源，不应采用白炽灯泡。

（3）彩灯配管应为热浸镀锌钢管，按明配敷设，并采用配套的防水接线盒，其密封应完好；管路、管盒间采用螺纹连接，连接处的两端用专用接地卡固定跨接接地线，跨接接地线采用绿/黄双色铜芯软电线，截面积不应小于 $4mm^2$。

（4）彩灯的金属导管、金属支架、钢索等应与保护接地线（PE）连接可靠。

4. 固定式彩灯安装

采用定型的彩灯灯具，灯具的底座有溢水孔，雨水可自然排出，彩灯的普通做法如图 8-2 所示。灯具的间距 500～600mm，灯泡功率不宜超过 15W，每个回路不宜超过 1kW。连接彩灯的

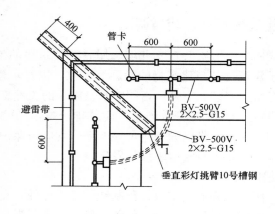

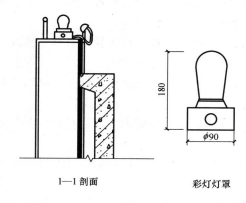

1—1 剖面   彩灯灯罩

图 8-2　固定式彩灯装置做法图

每段管路应用管卡固定，管卡固定可采用塑料胀塞，灯具两
旁钢管可用 $\phi6mm$ 的镀锌圆钢焊接跨接，镀锌钢管应采用
不小于 $4mm^2$ 两端挂锡的铜导线跨接，且应用配套的镀锌
卡子卡接牢固；彩灯穿管导线应使用橡胶铜导线或护套铜
芯线。

　　固定式彩灯可直接安装在灯头盒上，先将灯具与灯头盒
的电源线连接好，并包扎好绝缘，垫好防水垫，上紧螺钉固

定灯具即可。也可将彩灯底座直接用塑料胀塞固定，先将灯头线与电源线连接，包扎好绝缘，将灯座压住配管上紧自攻螺钉即可。

建筑物顶部彩灯管路按明管敷设，应使用钢管或热浸镀锌钢管，且有防雨功能。管路间，管路与灯头盒间螺纹连接，金属导管及彩灯的构架，钢索等可接近裸露导体接地（PE）或接零（PEN）可靠。彩灯装置的钢管应与避雷带（网）进行连接，并在靠近避雷带（网）引下线附近，采用 $\phi 8$ 镀锌圆钢与避雷带相连；节日彩灯的供电回路应在进入建筑物入口端，装设低压阀型避雷器。

5. 悬挂式彩灯安装

多用于勾画建筑物造型无法装设固定式的部位。悬挂式彩灯是用型钢与镀锌钢索拉紧固定，采用防水灯头连同线路一起悬挂于钢索上，做法如图 8-3 所示。

悬挂式彩灯导线应采用绝缘强度不低于 750V 的橡胶铜导线，截面不小于 $4mm^2$，灯头线与干线的连接应牢固，绝缘包扎紧密，应包扎两层橡皮绝缘胶布，2 层塑料胶带。导线所载有的灯具的重量的拉力不应超过该导线的允许机械强度，灯的间距一般 500~700mm，距地 3m 以下位置上不允许装设灯具。固定钢丝绳的拉板可不设地锚拉环，可在墙或柱子上预埋铁件或支架，将拉板固定在支架上。也可以用支架拉直一根带绝缘套管的（塑料管）钢丝绳，两端必须有绝缘子，将导线用尼龙卡子敷设于钢丝绳上，导线宜采用护套线。

悬挂式彩灯安装：先将悬挂挑臂的型钢及相关结构构件，按设计要求固定，做好防腐处理。挑臂槽钢如为镀锌件应采用螺栓固定连接，严禁焊接。

吊挂钢索：应为直径≥4.5mm 的镀锌钢索，吊挂应采用开口吊钩螺栓在挑臂槽钢上固定，两侧应有螺帽，并应加平垫及弹簧垫圈，螺母安装紧固。常规应采用直径≥10mm 的开口吊钩螺栓，地锚（水泥拉线盘和镀锌圆钢拉线棒组成）应为架空外线用

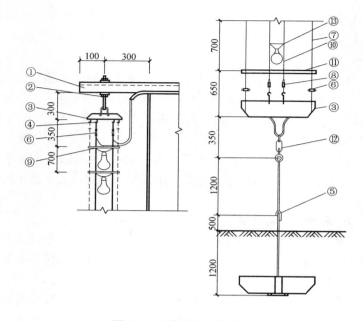

图 8-3　垂直彩灯安装做法

1—角钢；2—拉索；3—拉板；4—拉钩；5—地锚环；6—钢索元宝卡子；
7—镀锌钢索；8—绝缘子；9—绑扎线；10—铜导线；
11—硬塑管；12—花篮螺栓；13—接头

拉线盘，埋置深度应大于 1500mm。底把采用 $\phi16$ 圆钢，花篮螺栓应是镀锌制品件。

将拉板两侧钢索通过计算或尺量，两根拉索平衡一致，用钢索元宝卡子卡牢，然后将彩灯线绑扎在拉钩下的绝缘子上，再将拉板挂在挑臂下的拉索上；下部将拉板挂在地锚环上或墙、柱上支架设的花篮螺栓上，将花篮螺栓紧到两侧钢索平衡垂直无弯曲，将彩灯导线穿入下端绝缘子，将导线拉直紧固，然后按灯具的间距，在灯具的上方用绝缘绑线，将切割好的塑料管，固定钢索和导线，塑料管长度大于钢索宽度 20mm，再将垂直彩灯电源线连接。

6. 调试

彩灯安装完成后应进行调试，首先应对线路绝缘测试，绝缘电阻值不应小于 2MΩ，有闪烁要求的应调试到符合设计或建设单位认可，再进行 24h 试运行并做好记录，运行无问题可组织验收。

8.3.3 太阳能灯具安装

太阳能灯具是一种采用新型能源的灯具，目前多用于道路照明灯、庭院灯等。安装过程中应固定可靠，注意电池组件的朝向和系统的接线与拆卸顺序。太阳能灯具要尽量避免靠近热源，以防影响灯具使用寿命。太阳能电池板上方不应有其他直射光源，以免使灯具控制系统误识别导致误操作。

（1）灯具表面应平整光洁，色泽均匀；产品无明显的裂纹、划痕、缺损、锈蚀及变形；表面漆膜不应有明显的流挂、起泡、橘皮、针孔、咬底、渗色和杂质等缺陷。

（2）灯具内部短路保护、负载过载保护、反向放电保护、极性反接保护功能应齐全、正确。

（3）太阳能灯具应安装在光照充足、无遮挡的地方，应避免靠近热源。

（4）太阳能电池组件应根据安装地区的纬度，调整电池板的朝向和仰角，使受光时间最长。迎光面上无遮挡物阴影，上方不应有直射光源。电池组件与支架连接时应牢固可靠，组件的输出线不应裸露，并用扎带绑扎固定。

（5）蓄电池在运输、安装过程中不得倒置，不得放置在潮湿处，且不应暴晒于太阳光下。

（6）系统接线顺序应为蓄电池—电池板—负载；系统拆卸顺序应为负载—电池板—蓄电池。

（7）灯具与基础固定可靠，地脚螺栓应有防松措施，灯具接线盒盖的防水密封垫应完整。

8.4 开关、插座、风扇安装

8.4.1 开关安装

（1）开关安装高度与人体特征有关，与身高、手臂长度等相匹配，使操作方便。当设计无要求时，开关安装高度应符合表8-3的规定。

不同开关安装高度　表8-3

开关类型	安装高度	特殊要求
开关	画板底边距地面高度宜为1.3~1.4m	—
拉线开关	底边距地面高度宜为2~3m，距顶板不小于0.1m	拉线出口应垂直向下
无障碍场所开关	底边距地面高度宜为0.9~1.1m	—
老年人生活场所开关	开关底边距地面高度宜为1.0~1.2m	宜选用宽板按键开关

（2）暗装的开关面板应紧贴墙面或装饰面，四周应无缝隙，安装应牢固，表面应光滑整洁、无碎裂、划伤，装饰帽（板）齐全；接线盒应安装到位，接线盒内干净整洁，无锈蚀。安装在装饰面上的开关，其电线不得裸露在装饰层内。

（3）开关接线应控制相线，接点接触可靠，操作灵活，先将配线甩出的导线留出维修长度，用剥皮钳剥出线芯或用电工刀削出线芯，长度适宜，注意不要碰伤线芯。将导线按顺时针方向盘绕在开关、插座对应的接线柱上，然后旋紧压头。也可以将线芯直接插入接线孔内，再用顶丝将其压紧，注意线芯不得外露。多股线应挂锡再进行压接。

（4）暗开关、插座的面板应紧贴墙面，应用配套螺钉紧固，四周无缝隙，安装牢固，表面光滑整洁、无碎裂、划伤，装饰帽齐全。

（5）明装开关、插座应装在塑料（木）台上，将导线由塑料（木）台的出线孔穿出，将塑料（木）台用螺丝固定在盒子上或塑料（尼龙）胀塞上，调整好位置，以保证开关安装平整顺直，如明配线应将塑料（木）台，在进线侧割口将导线引进，槽板配线割口应与槽板吻合，压住槽板。然后用螺栓紧固塑料（木）台，再用剥皮钳或电工刀剥去线皮，将导线穿入开关或插座，将开关、插座调整好位置，应平整垂直，用螺栓紧固，按顺时针将芯线压接在接线螺栓上或插入接线柱用顶螺钉压紧，多余线应切去，多股线应挂锡。

8.4.2 插座安装

1. 插座安装

（1）同一场所装有交流和直流的电源插座，或不同电压等级的插座，是为不同需要的用电设备设置的，用电时不能差错，否则会导致设备损坏或危及人身安全。

当交流、直流或不同电压等级的插座安装在同一场所时，应有明显的区别，且必须选择不同结构、不同规格和不能互换的插座；配套的插头应按交流、直流或不同电压等级区别使用。

（2）不同场所电源插座底边距地面高度见表8-4。

不同场所电源插座安装高度　　　　表8-4

场所	安装高度
住宅、幼儿园及小学等儿童活动场所	电源插座底边距地面高度低于1.8m时，必须选用安全型插座
设计无要求的场所	电源插座底边距地面高度不宜小于0.3m
无障碍场所	电源插座底边距地面高度宜为0.4m
厨房、卫生间	电源插座底边距地面高度宜为0.7～0.8m
老年人专用的生活场所	电源插座底边距地面高度宜为0.7～0.8m
潮湿场所	应采用防溅型插座，安装高度不应低于1.5m

（3）暗装的插座面板紧贴墙面或装饰面，四周无缝隙，安装牢固，表面光滑整洁、无碎裂、划伤，装饰帽（板）齐全；接线盒应安装到位，接线盒内干净整洁，无锈蚀。暗装在装饰面上的插座，电线不得裸露在装饰层内。

（4）地面插座应紧贴地面，盖板固定牢固，密封良好。地面插座应用配套接线盒。插座接线盒内应干净整洁，无锈蚀。

（5）当设计无要求时，有触电危险的家用电器和频繁插拔的电源插座，宜选用能断开电源的带开关的插座，开关断开相线；插座回路应设置剩余电流动作保护装置；每一回路插座数量不宜超过 10 个；用于计算机电源的插座数量不宜超过 5 个（组），并应采用 A 型剩余电流动作保护装置。

2. 插座接线

统一插座接线的规定，是为了用电安全，特别是在三相供电系统中，中性线（N）和保护接地线（PE）不能混同，应严格区分，否则有可能导致线路不能正常工作和危及人身安全。

（1）单相两孔插座，面对插座，右孔或上孔应与相线连接，左孔或下孔应与中性线连接；单相三孔插座，面对插座，右孔应与相线连接，左孔应与中性线连接。

（2）单相三孔、三相四孔及三相五孔插座的保护接地线（PE）必须接在上孔。插座的保护接地端子不应与中性线端子连接。同一场所的三相插座，接线的相序应一致。

（3）保护接地线（PE）在插座间不得串联连接。

规定保护接地线（PE）在插座间不得串联连接，相线与中性线不得利用插座本体的接线端子转接供电，分别是为了确保保护接地的可靠性和供电可靠性。

（4）相线与中性线不得利用插座本体的接线端子转接供电。

转接供电是指剥去电线端部绝缘层，将几根电线绞接后插入接线端子，依靠接线端子对后续用电设备供电。这种工艺有时因电线绞接不可靠或接线端子螺栓压接不紧密而松动、接触不良，造成后续用电设备断电甚至失火。

8.4.3 风扇安装

1. 风扇安装要求

（1）同一室内安装的吊扇开关高度应一致，高差不大于5mm，并列安装的高低差不大于1mm，且控制有序、不错位。吊扇安装高度不得低于2.5m。

（2）壁扇安装高度下侧边缘距地面不小于1.8m，且接地（PE）或接零（PEN）牢固。

（3）风扇接线用剥皮钳或电工刀将配线预留导线剥去线皮，长度适易、风扇有接线柱可压接在接线柱上，无接线柱，导线应采用压线帽压接或采用绞接并搪锡，接线应牢固、正确，绝缘包扎应牢固。

2. 吊扇安装

（1）不改变扇叶角度。扇叶的固定螺钉防松零件齐全。

（2）吊杆之间、吊杆与电机之间的螺纹连接，其啮合长度每端不小于20mm，且防松零件齐全紧固。

（3）吊扇在运转时有轻微振动，因此其固定和防松装置齐全是安装的关键。吊扇挂钩应安装牢固，挂钩的直径不应小于吊扇挂销的直径，且不应小于8mm；挂钩销钉应设防震橡胶垫；销钉的防松装置应齐全可靠。

（4）吊扇扇叶距地面高度不应小于2.5m；低于2.5m，人的手臂有可能触及扇叶，导致发生人身伤害事故。

（5）吊扇组装严禁改变扇叶角度，扇叶固定螺栓防松装置应齐全。

（6）吊扇应接线正确，不带电的外露可导电部分保护接地应可靠。运转时扇叶不应有明显颤动。

（7）吊扇涂层应完整，表面无划痕，吊杆上下扣碗安装应牢固到位。

（8）同一室内并列安装的吊扇开关安装高度应一致，控制有序、不错位。

3. 壁扇安装

（1）壁扇底座应采用膨胀螺栓固定，膨胀螺栓的数量不应少于 3 个，且直径不应小于 8mm。底座固定应牢固可靠。

（2）壁扇防护罩应扣紧，固定可靠，运转时扇叶和防护罩均应无明显颤动和异常声响。壁扇不带电的外露可导电部分保护接地应可靠。

（3）壁扇下侧边缘距地面高度不应小于 1.8m。

（4）壁扇涂层完整，表面无划痕，防护罩无变形。

4. 换气扇

换气扇安装应紧贴安装面，固定可靠。无专人管理场所的换气扇，应设置定时开关，以避免换气扇长时间运转而烧毁。

8.5　通电试运行

8.5.1　分回路试通电

（1）将各回路灯具等用电设备开关全部置于断开位置。

（2）逐次合上各分回路电源开关。

（3）分回路逐次合上灯具等的控制开关，检查开关与灯具控制顺序是否对应、风扇的转向及调速开关是否正常。

（4）用验电器检查各插座相序连接是否正确，带开关插座的开关是否能正确关断相线。

8.5.2　系统通电连续试运行

大型公共建筑的照明工程负荷大、灯具数量多，且本身对系统的可靠性要求高，所以需要做连续的全负荷通电运行试验，以检查整个照明工程的发热稳定性和系统运行的安全性。公用建筑照明系统通电连续试运行时间应为 24h，民用住宅照明系统通电连续试运行时间应为 8h。所有照明灯具均应开启，且每 2h 记录运行状态 1 次，连续试运行时间内无故障。

8.5.3   自动控制试验

有自控要求的照明工程应先进行就地分组控制试验，后进行单位工程自动控制试验，试验结果应符合设计要求。

对有自控要求的照明工程，结合通电试运行进行分区、分组的控制试验，验证控制功能对设计的符合性，然后进行整个系统的联合运行调试，直至运行控制的逻辑功能满足设计的要求。本条内容主要由智能化系统调试完成，照明装置施工单位做配合工作。

8.5.4   三相负荷平衡

照明系统通电试运行后，三相照明配电干线的各相负荷宜分配平衡，其最大相负荷不宜超过三相负荷平均值的115%，最小相负荷不宜小于三相负荷平均值的85%。

电源各相负荷不均衡会影响照明器具的发光效率和使用寿命，造成电能损耗和资源浪费。在建筑物照明通电试运行时开启全部照明负荷，使用三相功率计检测各相负荷的电流、电压和功率，并做好记录。

8.5.5   运行中的故障预防

（1）避免某一回路灯具线路发生短路故障，先测量其线路绝缘电阻。

（2）减少故障损坏范围，采用开关逐一打开的方法。

（3）降低故障损伤程度，灯具试验线路上采用小容量、灵敏度很高的漏电保护器。

（4）派专人时刻观察电压表和电流表的指示情况，发现问题及时处理，最大限度地减少损失。

（5）根据配电设置情况，安排专人反复观察小开关有无异常，测量100A以上的开关端子温度变化情况，如开关端子有异常立即关闭开关，及时处理。

9 电动机及控制设备安装与调试

9.1 电动机安装

9.1.1 安装准备

1. 基础验收

对基础轴线、标高、地脚、地脚螺栓位置、外形几何尺寸进行测量验收，沟槽、孔洞及电缆管位置应符合设计及土建本身的质量要求；混凝土强度等级一定要符合设计要求，一般基础承重量不小于电机重量的 3 倍；基础各边应超出电机底座边缘100～500mm。

2. 现场外观检查

（1）电机应完好，不应有损伤现象。

（2）定子和转子分箱装运的电机，其铁芯、转子和轴颈应完整，无锈蚀现象。

（3）电机的附件、备件应齐全，无损伤。

（4）产品出厂技术资料应齐全。

3. 安装前的检查

（1）盘动转子应灵活，不得有碰卡声。

（2）润滑脂的情况正常，无变色、变质及变硬等现象。其性能应符合电机的工作条件。

（3）可测量空气间隙的电机，其间隙的不均匀度应符合产品技术条件的规定，当无规定时，各点空气间隙与平均空气间隙之差与平均空气间隙之比宜为±5%。

（4）电机的引出线鼻子焊接或压接应良好，编号齐全，裸露带电部分的电气间隙应符合国家有关产品标准的规定。

（5）绕线式电机应检查电刷的提升装置，提升装置应有"启动"、"运行"的标志，动作顺序应是先短路集电环，后提起电刷。

9.1.2　电动机的安装及干燥

1. 刷架、刷握及电刷安装

（1）同一组刷握应均匀排列在与轴线平行的同一直线上。

（2）刷握的排列，应使相邻不同极性的一对刷架彼此错开。

（3）各组电刷应调整在换向器的电气中性线上。

（4）带有倾斜角的电刷的锐角尖应与转动方向相反。

（5）集电环应与轴同心，晃度应符合产品技术条件的规定；当无规定时，晃度不宜大于 0.05mm。集电环表面应光滑，无损伤及油垢。

（6）接至刷架的电缆，不应使刷架受力，其金属护层不应触及带有绝缘垫的轴承。

（7）电刷架及其横杆应固定，绝缘衬管和绝缘垫应无损伤、无污垢，并应测量其绝缘电阻。

（8）刷握与集电环表面间隙应符合产品技术要求；当产品无规定时，其间隙可调整为 2～3mm。

2. 电刷的安装调整

（1）同一电机上应使用同一型号、同一制造厂的电刷；因为不同制造厂生产的电刷性能差别很大，甚至同一制造厂不同时间生产的电刷性能亦有所差别。

（2）电刷的编织带应连接牢固，接触良好，不得与转动部分或弹簧片相碰触。具有绝缘垫的电刷，绝缘垫应完好。

由于一般电刷弹簧均有部分电流流过，使弹簧发热而丧失弹性。制造厂已生产带有绝缘结构的电刷弹簧，安装时要求绝缘垫完好。

（3）电刷在刷握内应能上下自由移动，电刷与刷握的间隙应符合产品的规定；当无规定时，其间隙可为 0.10～0.20mm。

（4）恒压弹簧应完整无机械损伤，型号和压力应符合产品技术条件的规定。同一极上的弹簧压力偏差不宜超过 5%，是为了使各电刷可靠工作和其工作面磨损均匀。

（5）电刷接触面应与集电环的弧度相吻合，接触面积不应小于单个电刷截面的 75%。研磨后，应将炭粉清扫干净；以保证通过各电刷电流的均匀性。

（6）非恒压的电刷弹簧，压力应符合其产品的规定；当无规定时，应调整到不使电刷冒火的最低压力；同一刷架上每个电刷的压力应均匀。

（7）电刷应在集电环的整个表面内工作，不得靠近集电环的边缘。

在冷状态时，如果电刷位置安装不当，则在热状态下因电机大轴膨胀后，电刷有可能不全部接触集电环表面。有的制造厂在安装说明书中规定了刷架中心线对集电环中心线的移动距离。

3. 电机干燥

（1）电机由于运输、保存或安装后受潮，绝缘电阻或吸收比，达不到规范要求，应进行干燥处理。

（2）在进行电机干燥前，应根据电机受潮情况编制干燥方案。

（3）烘干温度要缓慢上升，中、小型温升速度为 5～8℃/h，铁芯和线圈子的最高温度应控制在 70～80℃。

（4）当电动机绝缘电阻值达到规范要求时，在同一温度下经 5h 稳定不变时，方可认为干燥完毕。

（5）干燥方法要点。

1）电阻器干燥法：利用大型电机下面的通风道内放置电阻箱，通风加热干燥电机。

2）灯泡照射干燥法：灯泡采用红外线灯泡或一般灯泡，把转子取出来，把灯泡放在定子内，通电照射。温度高低的调节，可用改变灯泡瓦数来实现。

3）电流干燥法：采用低电压，用变阻器调节电流，其电流大小宜控制在电机额定电流的 60% 以内，并用测温计随时监测干燥温度。

4. 电动机的接线

电动机接线前应查对电机铭牌上的说明或电机接线盒上线端子的数量及符号，然后根据接线图接线。三相交流感应电动机共有三个绕组 6 个引出端，按照标号对应接线。三相异步电动机有两种接线方法，星形（Ｙ）接法和三角形（△）接法，接线时一定要按照铭牌上的额定电压和线路使用电压及铭牌上规定的接法连接。

（1）电动机的接线应按产品技术文件进行连接，连接相序应正确，符合技术文件要求，接线应牢固，绝缘应可靠。

（2）电动机接线端子与导线接线端子必须连接紧密不受外力，连接用紧固件的锁紧装置完整齐全。在电机的接线盒内裸露的不同导线间和导线对地间距离必须符合电气的安全规定。

（3）接地（PE）线或接零（PEN）线应连接牢固，截面及连接部位符合设计或产品要求。

9.1.3 电机抽芯检查与试运行

1. 抽芯检查

电动机抽芯检查见表 9-1。

2. 试运行前的检查

（1）电机本体安装检查结束，启动前应进行的试验项目，已按现行国家标准《电气装置安装工程 电气设备交接试验标准》GB 50150—2016 试验合格。

（2）冷却、调速、润滑、水、氢、密封油等附属系统安装完毕，验收合格，各部试运行情况良好。

（3）电动机的保护、控制、测量、信号、励磁等回路的调试完毕，动作正常。

（4）多速电动机的结线、极性应正确。连锁切换装置应动作可靠，操作程序应符合产品技术条件规定。

电动机抽芯检查　　　　　　　　　　　　　　　　　　　　　　表 9-1

项目	要　　　求
应做转子检查的情况	当电机有下列情况之一时,应做抽转子检查: (1)出厂日期超过制造厂保证期限。 (2)经外观检查或电气试验,质量可疑时。 (3)开启式电机经端部检查可疑时。 (4)试运转时有异常情况。 注:当制造厂规定不允许解体者,发现本条所述情况时,另行处理
抽转子检查	(1)电机内部清洁无杂物。 (2)电机的铁芯、轴颈、集电环和换向器应清洁,无伤痕和锈蚀现象;通风孔无阻塞。 (3)绕组绝缘层应完好,绑线无松动现象。 (4)定子槽楔应无断裂、凸出和松动现象,按制造厂工艺规范要求检查,端部槽楔必须嵌紧。 (5)转子的平衡块及平衡螺钉应紧固锁牢,风扇方向应正确,叶片无裂纹。 (6)磁极及铁轭固定良好,励磁绕组紧贴磁极,不应松动。 (7)鼠笼式电机转子铜导电条和端环应无裂纹,焊接良好;浇铸的转子表面应光滑平整;导电条和端环不应有气孔、缩孔、夹渣、裂纹、细条、断条和浇铸不满等现象。 (8)电机绕组应连接正确,焊接良好。 (9)直流电机的磁极中心线与几何中心线应一致。 (10)检查电机的滚动轴承,应符合下列要求: 1)轴承工作面应光滑清洁,无麻点、裂纹或锈蚀,并记录轴承型号。 2)轴承的滚动体与内外圈接触良好,无松动,转动灵活无卡涩,其间隙符合产品技术条件的规定。 3)加入轴承内的润滑脂应填满其内部空隙的 2/3;同一轴承内不得填入不同品种的润滑脂

　　(5) 测定电机定子绕组、转子绕组及励磁回路的绝缘电阻,应符合要求;有绝缘的轴承座的绝缘板、轴承座及台板的接触应清洁干燥,使用 1000V 兆欧表测量,绝缘电阻值不得小于 0.5MΩ。

　　(6) 电刷与换向器或集电环的接触应良好。

　　(7) 盘动电机转子时应转动灵活,无碰卡现象。

　　(8) 电机引出线应相序正确,固定牢固,连接紧密。

（9）电机外壳油漆应完整，接地良好。

（10）照明、通信、消防装置应齐全。

3. 试运行

（1）电动机宜在空载情况下作第一次启动，空载运行时间宜为 2h，并记录电机的空载电流。

（2）电动机试运行时通电后，如发现电动机不能启动或启动时转速很低、声音不正常等现象，应立即断电检查原因。

（3）启动多台电动机时，应按容量从大到小逐台启动，严禁同时启动。

（4）电机试运行中应进行下列检查：

1）电机的旋转方向符合要求，无异声。

2）换向器、集电环及电刷的工作情况正常。

3）检查电机各部分温度，不应超过产品技术条件的规定。

4）滑动轴承温度不应超过 80℃，滚动轴承不应超过 95℃。

（5）电机振动的双倍振幅值不应大于表 9-2 的规定。

电机振动的双倍振幅值

表 9-2

同步转速（r/min）	3000	1500	1000	750 及以下
双倍振幅值（mm）	0.05	0.085	0.10	0.12

（6）交流电动机的带负荷启动次数，应符合产品技术条件的规定；当产品技术条件无规定时，可符合下列规定：

1）在冷态时，可启动 2 次。每次间隔时间不得小于 5min。

2）在热态时，可启动 1 次。当在处理事故以及电动机启动时间不超过 2～3s 时，可再启动 1 次。

9.2 电动机控制设备安装

9.2.1 控制、启动和保护设备安装

（1）电机的控制和保护设备安装前应检查是否与电机容量相

符，安装应按设计要求进行，一般应装在电机附近。

（2）引至电动机接线盒的明敷导线长度应小于 0.3m，并应加强绝缘保护，易受机械损伤的地方应套保护管。

（3）直流电动机、同步电动机与调节电阻回路及励磁回路的连接，应采用铜导线，导线不应有接头。调节电阻器应接触良好，调节均匀。

（4）电动机应装设过流和短路保护装置，并应根据设备需要装设相序断相和低电压保护装置。

（5）电动机保护元件的选择：

1）采用热元件时按电动机额定电流的 1.1～1.25 倍来选。

2）采用熔丝（片）时按电动机额定电流的 1.5～2.5 倍来选。

9.2.2 低压接触器及电动机启动器

接触器是通过电磁机构，频繁地远距离自动接通和分断主电路或控制大容量电路的操作控制器。接触器分交流和直流两类。交流接触器的主触头用于通、断交流电路。直流接触器的主触头用于通、断直流电路。接触器的结构是由电磁吸引线圈、主触头、辅助触头部分组成。主触头容量较大并盖有灭弧罩。

1. 安装前的检查

低压接触器及电动机启动器安装前的检查见表 9-3。

2. 安装要求

（1）采用工频耐压法检查真空开关管的真空度，应符合产品技术文件的规定。

（2）真空接触器的接线，应符合产品技术文件的规定，接地应可靠。

（3）可逆启动器或接触器，电气连锁装置和机械连锁装置的动作均应正确、可靠。

（4）手动操作的启动器，触头压力应符合产品技术文件规定，操作应灵活。

低压接触器及电动机启动器安装前的检查　　**表 9-3**

项　目	要　求
低压接触器及电动机启动器安装前的检查	（1）衔铁表面应无锈斑、油垢；接触面应平整、清洁。可动部分应灵活无卡阻；灭弧罩之间应有间隙；灭弧线圈绕向应正确。 （2）触头的接触应紧密，固定主触头的触头杆应固定可靠。 （3）当带有常闭触头的接触器与磁力启动器闭合时，应先断开常闭触头，后接通主触头；当断开时应先断开主触头，后接通常闭触头，且三相主触头的动作应一致，其误差应符合产品技术文件的要求。 （4）电磁启动器热元件的规格应与电动机的保护特性相匹配；热继电器的电流调节指示位置应调整在电动机的额定电流值上，并应按设计要求进行定值校验
真空接触器安装前检查	（1）可动衔铁及拉杆动作应灵活可靠、无卡阻。 （2）辅助触头应随绝缘摇臂的动作可靠动作，且触头接触应良好。 （3）按产品接线图检查内部接线应正确

（5）星、三角启动器的检查、调整，应符合下列要求：

1）启动器的接线应正确；电动机定子绕组正常工作应为三角形接线。

2）手动操作的星、三角启动器，应在电动机转速接近运行转速时进行切换；自动转换的启动器应按电动机负荷要求正确调节延时装置。

（6）自耦减压启动器的安装、调整，应符合下列要求：

1）启动器应垂直安装。

2）油浸式启动器的油面不得低于标定油面线。

3）减压抽头在 65%～80% 额定电压下，应按负荷要求进行调整；启动时间不得超过自耦减压启动器允许的启动时间。

3. 安装后的检查

低压接触器和电动机启动器安装完毕后，应进行下列检查：

（1）接线应正确。

（2）在主触头不带电的情况下，启动线圈间断通电，主触头动作正常，衔铁吸合后应无异常响声。

（3）接触器或启动器均应进行通断检查；用于重要设备的接触器或启动器尚应检查其启动值，并应符合产品技术文件的规定。

（4）变阻式启动器的变阻器安装后，应检查其电阻切换程序、触头压力、灭弧装置及启动值，并应符合设计要求或产品技术文件的规定。

9.2.3 控制器、继电器及行程开关安装

配电线路中控制器是用来接通和分断控制电路的电器。种类多、应用范围广泛。常规有按钮、行程开关、万能转换开关等。

继电器种类很多，有时间继电器、速度继电器、热继电器、电流继电器和中间继电器等。继电器在电路中构成自动控制和保护系统。

1. 控制器安装

控制器的型号、规格、工作电压，必须符合设计要求，其工作电压应与供电电压相符。其安装要求如下。

（1）控制器的工作电压应与供电电源电压相符。

（2）凸轮控制器及主令控制器，应安装在便于观察和操作的位置上；操作手柄或手轮的安装高度，宜为 800～1200mm。

（3）控制器操作应灵活；档位应明显、准确。带有零位自锁装置的操作手柄，应能正常工作。

（4）操作手柄或手轮的动作方向，宜与机械装置的动作方向一致；操作手柄或手轮在各个不同位置时，其触头的分、合顺序均应符合控制器的开、合图表的要求，通电后应按相应的凸轮控制器件的位置检查电动机，并应运行正常。

（5）控制器触头压力应均匀；触头超行程不应小于产品技术文件的规定。凸轮控制器主触头的灭弧装置应完好。

（6）控制器的转动部分及齿轮减速机构应润滑良好。

2. 继电器安装

（1）继电器安装前的检查要求如下。

1）可动部分动作应灵活、可靠。

2）表面污垢和铁芯表面防腐剂应清除干净。

3）继电器的型号、规格应符合设计要求。

（2）安装时必须试验端子确保接线相位的准确性。固定螺栓加套绝缘管，安装继电器应保持垂直，固定螺栓应垫橡胶垫圈和防松垫圈紧固。

（3）继电器安装通电调试继电器的选择性、速动性、灵敏性和可靠性，是保证安全可靠供电和用电的重要条件之一，必须符合设计要求。

（4）继电器及仪表组装后，应进行外部检查完好无损，仪表与继电器的接线端子应完整相位连接测试，必须符合要求。

（5）所属开关的接触面应调整紧密，动作灵活、可靠。安装应牢固。

3. 按钮的安装

按钮的型号、规格应符合设计要求，其安装要求如下。

（1）按钮之间的距离宜为 50～80mm，按钮箱之间的距离宜为 50～100mm；当倾斜安装时，其与水平的倾角不宜小于 30°。

（2）按钮操作应灵活、可靠、无卡阻。

（3）集中在一起安装的按钮应有编号或不同的识别标志，"紧急"按钮应有明显标志，并设保护罩。

（4）按钮安装应牢固、接线正确，接线螺钉应拧紧，使接触电阻尽量小。

4. 行程开关的安装与调整

（1）行程开关的型号、规格，应符合设计要求。

（2）安装位置应确保开关能正确动作，严禁妨碍机械部件的运动。

（3）碰块或撞杆应安装在开关滚轮或推杆的动作轴线上。

（4）碰块或撞杆对开关的作用力及开关的动作行程，均不应大于允许值。

（5）电子式行程开关应按产品技术文件要求调整可动设备的间距。

（6）限位用行程开关，应与机械装置配合调整，当确认动作可靠后，方可接入电路使用。

5. 转换开关的安装

（1）万能转换开关的型号、规格，应符合设计要求。根据控制电路的要求，而选择不同额定电压、电流及触点和面板型式的转换开关。

（2）转换开关安装应牢固，接线牢靠、触点底座叠装不宜超过 6 层，面板上把手位置应正确。

9.3　电动机及附属设备的调试、试运行

9.3.1　电机调试

（1）在进行测量前，被测设备必须断电。

（2）兆欧表接线端的两根引线不可用双股绞线，引线要分开。

（3）测量前先将兆欧表进行一次开路和短路试验，检查兆欧表是否良好。

（4）摇动手柄时应由慢渐快，当指针已指向零时，就不能再继续摇动手柄，以防内线发热损坏。

（5）测量时应以兆欧表规定的转速（约 120r/min）均匀地摇动兆欧表，待指针稳定后方可读数。

（6）温升试验。电机中绝缘材料的寿命与运行时的温度密切相关。不同绝缘等级的电机绕组有不同的温升见表 9-4，对电机绕组和其他各部分温度的测量，目前共有电阻法、温度计法、埋置检温计法三种基本方法。电机调试常用温度计法测量温升。

电机绕组的温升（℃）   表 9-4

绝缘等等级	绝缘结构许用温度	环境温度	热点温度	温升限制（电阻法）
A	105	40	5	60
B	120	40	5	75
C	130	40	10	80
D	155	40	10	105
E	180	40	15	125

　　电机的定子铁芯、轴承及冷却介质等采用温度计法测量，温度计法是用温度计贴附在可接触到的表面来测量温度，所测温度是被测点的表面温度。为减少误差，从被测点到温度计的热传导尽可能良好，将温度计球面部分用绝热材料覆盖，以免周围冷却介质影响。

　　注：在电机中存在交变磁场的部分，不可采用水银温度计，因为交变磁场在水银内产生涡流会发热，以致影响测量的准确性。

9.3.2　系统调试

1. 电动机连锁回路试验

　　（1）试验前应将有关开关设备置于"试验"位置，无"试验"位置时，应断开引至电动机的动力回路，并做好防止"断路器"误动作的安全措施。

　　（2）试验电动机控制回路和保护回路，其动作应准确、可靠、符合施工图纸要求。

　　（3）将连锁开关投入到"连锁"位置，逐级进行连锁试验，各电动机的断路器应按图纸要求联动跳闸。

　　（4）对于互为备用的电动机，应用事故按钮或保护回路出口继电器触点，跳开工作电动机断路器，备用电动机断路器应自动合上；再倒过来试验，则应跳开备用电动机断路器，原工作电动机断路器自动合上。

2. 保护回路试验

（1）一般保护回路检验：将断路器置于"试验"位置，应用短接继电器触点检验，断路器应可靠跳闸。

（2）复杂保护回路检验：将出口继电器前各压板断开，逐个短接保护继电器触点，出口继电器不应动作；分别投入各种保护的压板，并短接其触点，出口继电器均应可靠动作（投入一种保护压板时，其他保护压板断开）；将所有保护压板投入，合上断路器，短接任一保护继电器触点，断路器都应动作。

（3）有时限规定的保护回路检验，还应测试保护继电器触点至出口继电器动作的时间间隔，应符合设计图纸要求。

9.3.3 试运行前的检查内容

（1）土建工程全部结束，现场清扫整理完毕。

（2）电机本体安装检查结束，质量验收合格。

（3）冷却、调速、润滑等附属系统安装完毕，施工质量验收合格。

（4）电机的保护、控制、测量、信号、励磁等回路的调试完毕，动作正常。

（5）电动机应做的试验全部符合要求。

（6）电刷与转向器或滑环的接触应良好。

（7）扳动电机转子应转动灵活，无碰卡现象。

（8）电机引出线相位正确，固定牢固连接紧密。

（9）电动机外壳油漆完整，保护接地良好。

（10）照明、通信、消防装置应齐全。

9.3.4 试运行

（1）经运行交试验调整和运行前的检查全部符合要求后，就可进行试运行。

（2）电动机试运行一般应在空载的情况下进行，空载运行时间为 2h，并做电动机空载电流、电压记录。

（3）电动机接通电源后，如发现电动机不能启动和启动时转速很低或者声音不正常等现象，应立即切断电源检查原因。

（4）启动多个电动机时，应按容量从大到小逐台启动，不能同时启动。

（5）电动机试运行中应进行下列检查：

1）检查电机的旋转方向是否符合要求，声音正常。

2）检查换向器、滑环及电刷的工作情况是否正常。

3）检查电动机的温度不应有过热现象。

4）检查滑动轴承温升不应超过 45℃，滚动轴承温升不应超过 60℃。

5）检查电动机的振动是否符合要求。

（6）交流电动机带负荷启动数次应尽量减少，如产品无规定时按在冷态时可连续启动 2 次，在热态时，可连续启动 1 次。

（7）电动机经试运行合格后可进行验收，验收时应提交下列资料和文件。

1）设计变更洽商单。

2）产品说明书、试验记录、合格证明书等技术文件。

3）安装记录（包括电动机抽芯检查记录、电机干燥记录等）。

4）试验调整和试运行记录。

9.4 交、直流电动机现场交接试验标准

表 9-5 为交流电动机现场交接试验标准，表 9-6 为直流电动机现场交接试验标准。

交流电动机现场交接试验标准 表 9-5

序号	试验内容	试验标准			
1	测量绕组的绝缘电阻和吸收比	（1）额定电压为 1000V 以下，常温下绝缘电阻值不应低于 0.5MΩ；额定电压为 1000V 及以上，折算至运行温度时的绝缘电阻值，定子绕组不应低于 1MΩ/kV，转子绕组不应低于 0.5MΩ/kV。 （2）1000V 及以上的电动机应测量吸收比，吸收比不应低于 1.2，中性点可拆开的应分相测量。 （3）进行交流耐压试验时，绕组的绝缘应满足以上（1）和（2）的要求。 （4）交流耐压试验合格的电动机，当其绝缘电阻折算至运行温度后（环氧粉云母绝缘的电动机在常温下）不低于其额定电压 1MΩ/kV 时，可不经干燥投入运行，但投运前不应再拆开端盖进行内部作业			
2	测量绕组的直流电阻	（1）1000V 以上或容量 100kW 以上的电动机各相绕组直流电阻值相互差别，不应超过其最小值的 2%。 （2）中性点未引出的电动机可测量线间直流电阻，其相互差别不应超过其最小值的 1%。 （3）特殊结构的电动机各相绕组直流电阻值与出厂试验值差别不应超过 2%			
3	定子绕组直流耐压试验和泄漏电流测量	（1）1000V 以上及 1000kW 以上、中性点连线已引出至出线端子板的定子绕组应分相进行直流耐压试验。 （2）试验电压应为定子绕组额定电压的 3 倍。在规定的试验电压下，各相泄漏电流的差值不应大于最小值的 100%；当最大泄漏电流在 20μA 以下，根据绝缘电阻值和交流耐压试验结果综合判断为良好时，可不考虑各相间差值。 （3）试验电压应按每级 0.5 倍额定电压分阶段升高，每阶段应停留 1min，并应记录泄漏电流；中性点连线未引出的可不进行此项试验			
4	电动机定子绕组的交流耐压试验电压	额定电压（kV）	3	6	10
		试验电压（kV）	5	10	16
5	绕线式电动机的转子绕组交流耐压试验电压	转子工况		试验电压（V）	
		可逆的		1.5U_k＋750	
		不可逆的		3.0U_k＋750	

続表

序号	试验内容	试验标准
6	同步电动机转子绕组的交流耐压试验	(1)试验电压值应为额定励磁电压的7.5倍,且不应低于1200V。 (2)试验电压值不应高于出厂试验电压值的75%
7	可变电阻器、启动电阻器、灭磁电阻器的绝缘电阻	当与回路一起测量时,绝缘电阻值不应低于0.5MΩ
8	测量可变电阻器、启动电阻器、灭磁电阻器的直流电阻值	(1)测得的直流电阻值与产品出厂数值比较,其差值不应超过10%。 (2)调节过程中应接触良好,无开路现象,电阻值的变化应有规律性
9	电动机轴承的绝缘电阻	(1)当有油管路连接时,应在油管安装后,采用1000V兆欧表测量。 (2)绝缘电阻值不应低于0.5MΩ
10	定子绕组的极性及其连接的正确性	(1)定子绕组的极性及其连接应正确。 (2)中性点未引出者可不检查极性
11	电动机空载转动检查和空载电流测量	(1)电动机空载转动的运行时间应为2h。 (2)应记录电动机空载转动时的空载电流。 (3)当电动机与其机械部分的连接不易拆开时,可连在一起进行空载转动检查试验

注:1. 电压1000V以下且容量为100kW以下的电动机,可按表中第1、7、10和11项进行试验。

2. U_k 为转子静止时,在定子绕组上施加额定电压,转子绕组开路时测得的电压。

直流电动机现场交接试验标准　　表9-6

序号	试验内容	试验标准
1	励磁绕组和电枢的绝缘电阻值	不应低于0.5MΩ
2	励磁绕组的直流电阻值	与出厂数值比较,其差值不应大于2%
3	励磁绕组对外壳和电枢绕组对轴的交流耐压试验	(1)励磁绕组对外壳间应进行交流耐压试验,电枢绕组对轴间应进行交流耐压试验。 (2)试验电压应为额定电压的1.5倍加750V,且不应小于1200V

197

序号	试验内容	试验标准
4	测量励磁可变电阻器的直流电阻值	(1)测得的直流电阻值与产品出厂数值比较,其差值不应超过 10%。 (2)调节过程中励磁可变电阻器应接触良好,无开路现象,电阻值变化应有规律性
5	测量励磁回路连同所有连接设备的绝缘电阻值	(1)励磁回路连同所有连接设备的绝缘电阻值不应低于 0.5MΩ。 (2)测量绝缘电阻不应包括励磁调节装置回路
6	励磁回路连同所有连接设备的交流耐压试验	(1)试验电压值应为 1000V 或用 2500V 兆欧表测量绝缘电阻代替交流耐压试验。 (2)交流耐压试验不应包括励磁调节装置回路
7	检查电机绕组的极性及其连接	应正确
8	电机电刷磁场中性位置检查	(1)应调整电机电刷的中性位置,且应正确。 (2)应满足良好换向要求
9	测录直流发电机的空载特性和以转子绕组为负载的励磁机负载特性曲线	(1)测录曲线与产品的出厂试验资料比较,应无明显差别。 (2)励磁机负载特性宜与同步发电机空载和短路试验同时测录
10	直流电动机的空转检查和空载电流测量	(1)空载运转时间不宜小于 30min,电刷与换向器接触面应无明显火花。 (2)记录直流电机的空载电流

注:1. 6000kW 以上同步发电机及调相机的励磁机,应按表中全部项目进行试验。

2. 其余直流电机应表中第 1、2、4、5、7、8 和 10 项进行试验。

10　防爆电器、起重电器安装

10.1　防爆电器安装

10.1.1　爆炸危险环境内的钢管配线

1. 钢管连接

（1）配线钢管应采用低压流体输送用镀锌焊接钢管。

（2）钢管与钢管、钢管与电气设备、钢管与钢管附件之间的连接，应采用螺纹连接，不得采用套管焊接，并应符合下列规定：

1）螺纹加工应光滑、完整、无锈蚀，钢管与钢管、钢管与电气设备、钢管与钢管附件之间应采用跨线连接，并应保证良好的电气通路，不得在螺纹上缠麻或绝缘胶带及涂其他油漆。

2）在爆炸性气体环境1区或2区与隔爆型设备连接时，螺纹连接处应有锁紧螺母。

3）外露丝扣不应过长。

4）除本质安全电路外，电压为1000V及以下的钢管配线的技术要求应符合表10-1的规定。

（3）电气管路之间不得采用倒扣连接；当连接有困难时，应采用防爆活接头，其接合面应密贴。

2. 隔离密封

（1）在爆炸性环境1区、2区、20区、21区和22区的钢管配线，应做好隔离密封，并应符合下列规定：

1）电气设备无密封装置的进线口应装设隔离密封件。

2）在正常运行时，所有点燃源外壳的450mm范围内应做隔离密封。

爆炸性环境内电压为 1000V 及以下的钢管配线技术要求

表 10-1

爆炸危险区域	钢管配线用绝缘导线铜芯的最小截面（mm²）			管子连接要求
	电力	照明	控制	
1 区、20 区、21 区	2.5	2.5	2.5	钢管螺纹旋合不应少于 5 扣
2 区、22 区	2.5	1.5	1.5	钢管螺纹旋合不应少于 5 扣

3）管路通过与其他任何场所相邻的隔墙时，应在隔墙的任一侧装设横向式隔离密封件。

4）管路通过楼板或地面引入其他场所时，均应在楼板或地面的上方装设纵向式密封件。

5）管径为 50mm 及以上的管路在距引入的接线箱 450mm 以内及每距 15m 处应装设隔离密封件。

6）相邻的爆炸性环境之间以及爆炸性环境与相邻的其他危险环境或非危险环境之间应进行隔离密封。进行密封时，密封内部应用纤维作填充层的底层或隔层，填充层的有效厚度不应小于钢管的内径，且不得小于 16mm。

7）易积结冷凝水的管路，应在其垂直段的下方装设排水式隔离密封件，排水口应置于下方。

8）供隔离密封用的连接部件，不应作为导线或分线用。

（2）隔离密封的制作应符合下列规定：

1）隔离密封件的内壁，应无锈蚀、灰尘、油渍。

2）导线在密封件内不得有接头，且导线之间及与密封件壁之间的距离应均匀。

3）管路通过墙、楼板或地面时，密封件与墙面、楼板或地面的距离不应超过 300mm，且此段管路中不得有接头，并应将孔洞堵塞严密。

4）密封件内应填充水凝性粉剂密封填料。

5）粉剂密封填料的包装应密封。密封填料的配制应符合产品的技术规定，浇灌时间不得超过其初凝时间，并应一次灌足。凝固后其表面应无龟裂。排水式隔离密封件填充后的表面应光滑，并可自行排水。

（3）电气设备、接线盒和端子箱上多余的孔，应采用丝堵堵塞严密。当孔内垫有弹性密封圈时，弹性密封圈的外侧应设钢质封堵件，钢质封堵件应经压盘或螺母压紧。

3. 防爆挠性连接管

（1）钢管配线应在下列各处装设防爆挠性连接管：

1）电机的进线口处。

2）钢管与电气设备直接连接有困难处。

3）管路通过建筑物的伸缩缝、沉降缝处。

（2）防爆挠性连接管应无裂纹、孔洞、机械损伤、变形等缺陷，其安装时应符合下列规定：

1）在不同的使用环境下，应采用相应材质的挠性连接管。

2）弯曲半径不应小于管外径的 5 倍。

4. 配线要求

钢管配线可采用无护套的绝缘单芯或多芯导线。当钢管中含有三根或多根导线时，导线包括绝缘层的总截面不宜超过钢管截面的 40%。钢管应采用低压流体输送用镀锌焊接钢管。钢管连接点的螺纹部分应涂以铅油或磷化膏。在可能凝结冷凝水的地方，管线上应装设排除冷凝水的密封接头。

10.1.2 防爆灯具安装

防爆灯具的种类、型号和功率，应符合设计和产品技术条件的要求，不得随意变更，严禁使用非防爆产品代替。各泄压口上方或下方不得安装灯具，主要是因为泄放时有气体冲击，会损坏灯具。

防爆灯具安装要点：

（1）检查灯具的防爆标志、外壳防护等级和温度组别应与爆炸危险环境相适配。

（2）灯具的外壳应完整，无损伤、凹陷变形，灯罩无裂纹，金属护网无扭曲变形，防爆标志清晰。

（3）灯具的紧固螺栓应无松动、锈蚀现象，密封垫圈完好。螺旋式灯泡应旋紧，接触应良好，不得松动。

（4）灯具附件应齐全，不得使用非防爆零件代替防爆灯具配件；灯具外罩应齐全，螺栓应紧固。

（5）灯具的安装位置应离开释放源，且不得在各种管道的泄压口及排放口上方或下方。

（6）导管与防爆灯具、接线盒之间连接应紧密，密封完好；螺纹啮合扣数应不少于5个丝扣，并应在螺纹上涂以电力复合酯或导电性防锈酯。

（7）防爆弯管工矿灯应在弯管处用镀锌链条或型钢拉杆加固。

10.1.3　防爆电气设备的安装接线

防爆电气设备宜安装在金属制作的支架上，支架应牢固，有振动的电气设备的固定螺栓应有防松装置。

1. 电缆线路密封

（1）电缆线路穿过不同危险区域或界面时，应采取下列隔离密封措施：

1）在两级区域交界处的电缆沟内，应采取充砂、填阻火堵料或加设防火隔墙。

2）电缆通过与相邻区域共用的隔墙、楼板、地面及易受机械损伤处，均应加以保护；留下的孔洞，应堵塞严密。

3）保护管两端的管口处，应将电缆周围用非燃性纤维堵塞严密，再填塞密封胶泥，密封胶泥填塞深度不得小于管子内径，且不得小于40mm。

（2）防爆电气设备、接线盒的进线口，引入电缆后的密封应符合下列规定：

1）当电缆外护套穿过弹性密封圈或密封填料时，应被弹性密封圈挤紧或被密封填料封固。

2）外径大于或等于 20mm 的电缆，在隔离密封处组装防止电缆拔脱的组件时，应在电缆被拧紧或封固后，再拧紧固定电缆的螺栓。

3）电缆引入装置或设备进线口的密封，应符合下列规定：

①装置内的弹性密封圈的一个孔，应密封一根电缆。

②被密封的电缆断面，应近似圆形。

③弹性密封圈及金属垫应与电缆的外径匹配，其密封圈内径与电缆外径允许差值为±1mm。

④弹性密封圈压紧后，应将电缆沿圆周均匀挤紧。

4）有电缆头腔或密封盒的电气设备进线口，电缆引入后应浇灌固化的密封填料，填塞深度不应小于引入口径的 1.5 倍，且不得小于 40mm。

5）电缆与电气设备连接时，应选用与电缆外径相适应的引入装置，当选用的电气设备的引入装置与电缆的外径不匹配时，应采用过渡接线方式，电缆与过渡线应在相应的防爆接线盒内连接。

2. 电缆敷设

（1）防爆电气设备的进线口与电缆、导线引入连接后，应保持电缆引入装置的完整性和弹性密封圈的密封性，并应将压紧元件用工具拧紧，且进线口应保持密封。多余的进线口其弹性密封圈和金属垫片、封堵件等应齐全，且安装紧固，密封良好。

（2）电缆线路在爆炸危险环境内，必须在相应的防爆接线盒或分线盒内连接或分路。

（3）电缆配线引入防爆电动机需挠性连接时，可采用挠性连接管，其与防爆电动机接线盒之间，应按防爆要求加以配合，不同的使用环境条件应采用不同材质的挠性连接管。

（4）电缆采用金属密封环引入时，贯通引入装置的电缆表面应清洁干燥；涂有防腐层时，应清除干净后再敷设。

（5）在室外和易进水的地方，与设备引入装置相连接的电缆保护管的管口，应严密封堵。

10.1.4　爆炸危险场所接地装置的安装

（1）在爆炸危险环境的电气设备的金属外壳、金属构架、安装在已接地的金属结构上的设备、金属配线管及其配件、电缆保护管、电缆的金属护套等非带电的裸露金属部分，均应接地。

（2）在爆炸危险环境中接地干线宜在不同方向与接地体相连，连接处不得少于两处。

（3）爆炸危险环境中的接地干线通过与其他环境共用的隔墙或楼板时，应采用钢管保护，并应做好隔离密封。

（4）电气设备及灯具的专用接地线，应单独与接地干线（网）相连，电气线路中的工作零线不得作为保护接地线用。

（5）爆炸危险环境内的电气设备与接地线的连接，宜采用多股软绞线，其铜线最小截面积不得小于 $4mm^2$，易受机械损伤的部位应装设保护管。

（6）铠装电缆引入电气设备时，其接地线应与设备内接地螺栓连接；钢带及金属外壳应与设备外的接地螺栓连接。

（7）爆炸危险环境内接地或接零用的螺栓应有防松装置；接地线紧固前，其接地端子及紧固件，均应涂电力复合脂。

10.2　起重电器安装

10.2.1　起重电器装置滑接线安装

1. 滑触线的安装

（1）接触面应平直无锈蚀，导电应良好。

（2）裸露式滑触线的安装应按设计要求执行。当设计无要求时，额定电压为 0.5kV 以下的滑触线，其相邻导电部分和导电部分与接地部分之间的净距不得小于 30mm，户内 3kV 滑触线，其相间和对地的净距不得小于 100mm；当不能满足要求时，滑触线应采取绝缘隔离措施。

（3）起重机在终端位置时，滑接器与滑触线末端的距离不应小于 200mm；固定装设的型钢滑触线，其终端支架与滑触线末端的距离不应大于 800mm。

（4）型钢滑触线所采用的材料，应进行平直处理，其中心偏差不宜大于长度的 1/1000，且不得大于 10mm。

（5）触线安装后应平直；滑触线之间的距离应一致，其中心线应与起重机轨道的实际中心线保持平行；滑触线中心线与起重机轨道中心线之间的平行度、各相滑触线之间的平行度，不应大于长度的 1/1000，且不得大于 10mm。

（6）型钢滑触线长度超过 50m 或跨越建（构）筑物伸缩缝时，应装设伸缩补偿装置。

（7）辅助导线宜沿滑触线敷设，且应与滑触线进行可靠的连接；其连接点之间的间距不应大于 12m。

（8）型钢滑触线在支架上应能伸缩，并宜在中间支架上固定。

（9）型钢滑触线除接触面外，表面应涂以红色的油漆。

2. 滑触线伸缩补偿装置的安装

（1）伸缩补偿装置应安装在与建（构）筑物伸缩缝距离最近的支架上。

（2）在伸缩补偿装置处，滑触线应留有 10～20mm 的间隙，间隙两侧的滑触线端头应加工圆滑，接触面应安装在同一水平面上，其两端间高差不应大于 1mm。

（3）伸缩补偿装置间隙的两侧，均应有滑触线支架，支架与间隙的距离，不宜大于 150mm。

（4）间隙两侧的滑触线应采用软导线跨接连接，跨越线应留有余量，其允许载流量不应小于滑触线的允许载流量。

3. 滑触线的连接

（1）连接后应有足够的机械强度，且应无明显变形。

（2）接头处的接触面应平直光滑，其高差不应大于 0.5mm，连接后高出部分应修整平直。

（3）型钢滑触线焊接时，应附连接托板；用螺栓连接时，应加跨接软线。

（4）轨道滑触线焊接时，焊条和焊缝应符合钢轨焊接工艺对材料和质量的要求，焊好后接触表面应平直光滑。

（5）导线与滑触线连接时，滑触线接头处应镀锡或加焊有电镀层的接线板。

4. 分段供电滑触线的安装

（1）分段供电的滑触线，当各分段电源允许并联运行时，分段间隙应为 20mm，3kV 及以上滑触线，应符合设计要求。

（2）分段供电不允许并联运行的滑触线间隙处，分段间隙应大于滑接器与滑触线接触长度 40mm，间隙处应采用硬质绝缘材料的托板连接，托板与滑触线的接触面，应在同一水平面。

（3）滑触线分段间隙的两侧电源相位应一致。

5. 3kV 及以上滑触线的安装

3kV 及以上滑触线的安装除应符合以上规定外，尚应符合下列规定：

（1）高压绝缘子安装前应进行耐压试验，并应符合现行国家标准《电气装置安装工程　电气设备交接试验标准》GB 50150 的有关规定。

（2）滑触线固定装置的构件，铸铜长夹板、短夹板、托板、垫板、辅助连接板及接线板等，在安装前应按设计图制作完毕；当采用的型钢、双沟铜线分段组装时，应按相编号，接缝应严密、平直。

6. 软电缆的吊索和自由悬吊滑触线

（1）终端固定装置和拉紧装置的机械强度应符合设计要求，其最大拉力应大于滑触线或吊索的最大拉力。

（2）当滑触线和吊索板度小于或等于 25m 时，终端拉紧装置的调节余量不应小于 0.1m；当滑触线和吊索长度大于 25m 时，终端拉紧装置的调节余量不应小于 0.2m。

（3）滑触线或吊索拉紧时的弧度，应根据其材料规格和安装时的环境温度选定，滑触线间的弧度偏差，不应大于 20mm。

（4）滑触线与终端装置之间的绝缘应可靠。

10.2.2　滑接器的安装

（1）滑接器支架的固定应牢靠，绝缘子和绝缘衬垫不得有裂纹、破损等缺陷，导电部分对地的绝缘应良好。

（2）滑接器应沿滑触线全长可靠接触，应能自由无阻地滑动，在任何部位滑接器的中心线（宽面）不应超出滑触线的边缘。

（3）滑接器与滑触线的接触部分，不应有尖锐的边棱；压紧弹簧的压力应符合产品技术文件的要求。

（4）槽型滑接器与可调滑杆间，应移动灵活。

（5）自由悬吊滑触线的轮型滑接器，安装后应高出滑触线中间托架，并不应小于 10mm。

10.2.3　起重机上电缆敷设

（1）起重机上的配线除弱电系统外，均应采用额定电压不低于 500V 的铜芯软电缆。除应满足计算负荷外，软电缆截面面积不得小于 $1.0mm^2$。

（2）在易受机械损伤、热辐射或有润滑油滴落的部位，电线或电缆应装于钢管、线槽、保护罩内；在热辐射部位，电线或电缆应采取隔热保护措施。

（3）电线或电缆穿过钢结构的孔洞处，应将孔洞的毛刺去掉，并应采取保护措施。

（4）起重机上电缆的敷设应符合下列规定：

1）按电缆引出的先后顺序排列整齐，不宜交叉；强电与弱电的电缆应分开敷设，电缆两端应有标牌。

2）测速机、编码器或解算装置等弱电回路应采用屏蔽电缆进行连接，且屏蔽层不应中断，屏蔽层应可靠接地。

3）电缆应卡固，支持点距离不应大于1m；单芯动力电缆应采用非导磁材料卡固。

（5）起重机上的配线应排列整齐，导线两端应牢固地压接相应的接线端子，并应标有明显的接线编号，不得使用开口接线端子。同一接线端子最多只应接两根同规格、同型号的导线。

（6）起重机上配线的接线编号应符合下列规定：

1）接线编号管应与导线的线径匹配。

2）接线编号管应印字清晰，易于识别，排列整齐，采用相对编号法。

10.2.4　电阻器、行程限位开关、撞杆、夹轨器的安装

1. 电阻器的安装

（1）电阻器安装在电阻柜内，电柜应具有散热功能；电阻器直接叠装不应超过四箱，当超过四箱时应采用支架固定，并应保持适当间距，当超过六箱时应另列一组。

（2）电阻器的盖板或保护罩，应安装正确，并应固定可靠。

（3）靠近电阻器等发热部位的连接导线应加套石棉套管或乙烯涂层玻璃丝管。

2. 行程限位开关、撞杆、夹轨器的安装

（1）起重机行程限位开关动作后，应能自动切断相关电源，并应使起重机各机构在下列位置停止：

1）吊钩、抓斗升到距离极限位置不小于100mm处；起重臂升降的极限角度符合产品规定。

2）起重机桥架和小车等，离行程末端不得小于200mm处。

3）一台起重机临近另一台起重机，相距不得小于400mm处。

4）变幅类型的起重机应安装最大、最小幅度防止臂架前倾、

后倾的限制装置，幅度达到最大或最小极限处。

（2）撞杆的装设及其尺寸的确定，应保证行程限位开关可靠动作，撞杆及撞杆支架在起重机工作时不应晃动。撞杆宽度应能满足机械（桥架及小车）横向窜动范围的要求，撞杆的长度应能满足机械（桥架及小车）最大制动距离的要求。

（3）撞杆在调整定位后，应固定可靠。

10.2.5 配电箱、控制电器的安装

（1）配电屏、柜的安装应符合下列规定：

1）符合现行国家标准《电气装置安装工程 盘、柜及二次回路接线施工及验收规范》GB 50171的有关规定。

2）不应焊接固定，紧固螺栓应有防松措施。

3）户外式起重机配电屏、柜的防雨装置，应安装正确、牢固。

4）盘柜组件安装应接触可靠。

（2）控制器的安装应符合下列规定：

1）控制器的安装位置，应便于操作和维修。

2）操作手柄或手轮的安装高度，应便于操作与监视，操作方向宜与机构运行的方向一致，并应符合现行国家标准《人机界面标志标识的基本和安全规则操作规则》GB 4205的规定。

10.2.6 电气设备和线路的绝缘电阻和交流耐压试验

（1）电气回路接线应正确，端子应固定牢靠、接触良好、标志清楚。电气装置内应清洁，无遗留物。

（2）电气设备和线路的绝缘电阻值和交流耐压试验电压，应符合现行国家标准《电气装置安装工程 电气设备交接试验标准》GB 50150—2016的有关规定，并应符合下列规定：

1）电气设备之间及其与起重机结构之间应有良好的绝缘性能，其主回路、二次回路及电气设备的相间绝缘电阻和对地绝缘电阻值不应小于1.0MΩ，当有防爆要求时不应小于1.5MΩ。

2）主回路及电气设备的交流耐压试验，应符合现行国家标准《电气装置安装工程　电气设备交接试验标准》GB 50150—2016 的有关规定或产品技术文件要求；其中电动机的交流耐压试验应符合表 10-2 和表 10-3 的规定。

电动机定子绕组交流耐压试验电压　　　　　　表 10-2

额定电压(kV)	3	6	10
试验电压(kV)	5	10	16

绕线式电动机转子绕组交流耐压试验电压　　　表 10-3

转子工况	试验电压(V)
不可逆的	$1.5U_k + 750$
可逆的	$3.0U_k + 750$

注：为转子静止时，在定子绕组上施加额定电压，转子绕组开路时测得的电压。

11 电梯电气装置安装与调试

11.1 电梯电气装置安装

11.1.1 安装控制柜

根据机房布置图及现场情况确定控制柜的具体位置，要求与门窗、墙的距离不小于 600mm，与设备的距离不宜小于500mm。控制柜底座有型钢和混凝土两种，如图 11-1 所示。

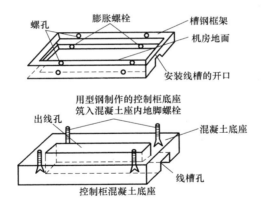

图 11-1 控制柜的底座示意图

控制柜的底座按安装图的要求用膨胀螺栓固定在机房地面上，通常用 10 号槽钢或混凝土制作控制柜的底座，为便于配线，其高度为 50～100mm。

控制柜与槽钢底座采用镀锌螺栓连接固定，控制柜与混凝土底座采用地脚螺栓连接固定，多台柜并列安装时，其间应无明显间隙，且柜面应在同一平面上。

11.1.2 配管、配线槽

（1）机房配管除图纸规定敷设明管外，均要敷设暗管，梯井允许敷设明管。电线管的规格要根据敷设导线的数量决定。电线管内敷设导线总面积（包括绝缘层）不应超过管内净面积的40%。

（2）明配管和镀锌钢管均应丝接，非镀锌钢管暗配可加套管采用焊接；镀锌钢管不得采用焊接，接地跨接线应采用配套的接地线卡子。管子连接口、出线口要用钢锉锉光，以免划伤导线。管子焊接接口要齐，不能有缝隙或错口。

（3）进入落地式配电箱（柜）的电线管路，应排列整齐，管口高于基础面不小于50mm。

（4）明配管以下各处需设支架：直管每隔2～2.5m，横管不大于1.5m，金属软管不大于1m，拐弯处及出入箱盒两端为150mm。每根电线管不少于2个支架，支架可直埋墙内或用膨胀螺栓固定。

（5）钢管进入接线盒及配电箱，管口露出盒（箱）小于5mm，明配管应用锁紧螺母固定，露出锁母的丝扣为2～4扣。

（6）钢管与设备连接，要把钢管敷设到设备外壳的进线口内，如有困难，可采用下述两种方法：

1）在钢管出线口处加软塑料管引入设备，但钢管出线口与设备进线口距离应在200mm以内。

2）设备进线口和管子出线口用配套的可挠性金属软管和配套管件连接，软管应用管卡固定。

（7）设备表面上的明配管或金属软管应随设备外形敷设，以求美观，如抱闸配管。

（8）井道内敷设电线管时，各层应装分支接线盒（箱），并根据需要加端子板。

（9）管盒要用开孔器开孔，孔径不大于管外径1mm。

（10）机房配线槽除设计选定的厚线槽外，均应沿墙、梁或梯板下面敷设，线槽敷设应横平竖直。

（11）梯井线槽到每层的分支导线较多时，应设分线盒并考虑加端子板。

（12）由线槽引出分支线，如果距指示灯、按手盒较近，可用金属软管敷设；若距离超过 1.2m，应用钢管敷设。

（13）线槽应有良好的接地保护，线槽接头应严密并作跨接地线，如图 11-2 所示。

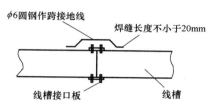

图 11-2　线槽跨接接地

（14）切断线槽需用手锯操作（不能用气焊），拐弯处不允许锯直口，应沿穿线方向弯成 90°保护口，以防伤线，如图 11-3 所示。

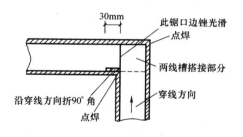

图 11-3　线槽弯头做法

（15）线槽采用射钉或膨胀螺栓固定。

（16）线槽安装完后，油漆破坏处应补刷一道防锈漆，并补刷相同颜色的面漆，以防锈蚀。

11.1.3 挂随行电缆

（1）随行电缆的长度应根据中线盒及轿厢底接线盒实际位置；加上两头电缆支架绑扎长度及接线余量确定。保证在轿厢蹲底或撞顶时不使随缆拉紧，在正常运行时不蹭轿厢和地面；蹲底时随缆距地面 100~200mm 为宜。

（2）轿底电缆支架和井道电缆支架的水平距离不小于：8 芯电缆为 500mm，16~24 芯电缆为 800mm。

（3）在挂随缆前应将电缆自由悬垂，使其内应力消除。安装后不应有打结和波浪扭曲现象。多根电缆安装后长度应一致，且多根随缆宜绑扎成排。用塑料绝缘导线将随缆牢固地绑扎在随缆支架上，如图 11-4 和图 11-5 所示。

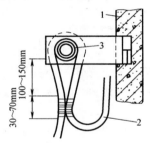

图 11-4 井道内随行电缆绑扎

1—井道壁；2—随行电缆；3—电缆架钢管

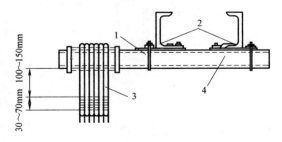

图 11-5 轿底随行电路绑扎

1—轿底电缆架；2—电梯底梁；3—随行电缆；4—电缆架钢管

（4）其绑扎应均匀、可靠，绑扎长度为 30～70mm。不允许用铁丝和其他裸导线绑扎，绑扎处应离开电缆架钢管 100～150mm。扁平型随行电缆可重叠安装，重叠根数不宜超过 3 根，每两根之间应保持 30～50mm 的活动间距，扁平型电缆的固定应使用楔形插座或专用卡子。

（5）电缆接入线盒应留出适当余量，压接牢固，排列整齐。电缆的不运动部分（提升高度 1/2+1.5m）每个楼层要有一个固定电缆支架，每根电缆要用电缆卡子固定牢固。当随缆距导轨支架过近时，为了防止随缆损坏，可自底坑向上每个导轨支架外角处至高于井道中部 1.5m 处采取保护措施。

11.1.4　安装极限开关

（1）根据布置图，若极限开关选用墙上安装方式时，要安装在机房门入口处，要求开关底部距地面高度 1.2～1.4m。

当梯井极限开关钢丝绳位置和极限开关不能上下对应时，可在机房顶板上装导向滑轮，导向轮位置应正确动作灵活、可靠。

极限开关、导向滑轮支架分别用膨胀螺栓固定在墙上和楼板上。

钢丝绳在开关手柄轮上应绕 3～4 圈，其作用力方向应保证使闸门跳开，切断电源。

（2）根据布置图位置，若在机房地面上安装极限开关时，要按开关能和梯井极限绳上、下对应来确定安装位置。

极限开关支架用膨胀螺栓固定在梯房地面上。极限开关盒底面距地面 300mm，如图 11-6 所示。将钢丝绳按要求进行固定。

11.1.5　安装中间接线盒、随缆架

（1）中间接线盒设在梯井内，其高度按下式确定：

高度（最底层层门地坎至中间接线盒底的垂直距离）

$$=（电梯行程）/2+1500mm+200mm \qquad (11\text{-}1)$$

若中间接线盒设在夹层或机房内，其高度（盒底）距夹层或

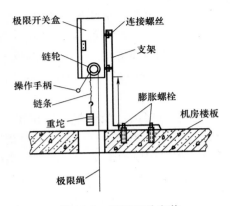

图 11-6　极限开关安装

机房地面不低于 300mm。

（2）中间接线盒水平位置要根据随缆既不能碰轨道支架又不能碰层门地坎的要求来确定。

若梯井较小，轿门地坎和中间接线盒在水平位置上的距离较近时，要统筹计划，其间距不得小于 40mm，如图 11-7 所示。

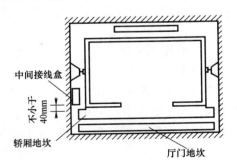

图 11-7　中间接线盒位置

（3）中间接线盒用膨胀螺栓固定在墙壁上。

在中间接线盒底面下方 200mm 处安装随缆架。固定随缆架要用直径≥M16 的膨胀螺栓，且应为两个以上（视随缆重量而定），以保证其牢固度，如图 11-8 所示。

216

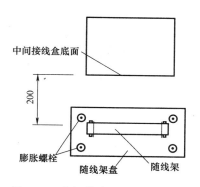

图 11-8　中间接线盒固定在墙壁上

（图中标注：中间接线盒底面、200、膨胀螺栓、随线架盘、随线架）

11.1.6　安装缓速开关、限位开关及其碰铁

（1）碰铁应无扭曲、变形，安装后调整其垂直偏差不大于长度的 1/1000，最大偏差不大于 3m（碰铁的斜面除外）。

（2）缓速开关、限位开关的位置按下述要求确定：

1）一般交流低速成电梯（1m/s 及以下），开关的第一级用于强迫减速，将快速转换为慢速运行。第二级用于限位用，当轿厢因故超过上下端站 50～100mm 时，即切断顺方向控制电路。

2）端站强迫减速装置有一级或多级减速开头在，这些开关的动作时间略滞后于同级正常减速动作时间。当正常减速失效时，装置按照规定级别进行减速。

（3）开关安装应牢固，安装后要进行调整，使其碰轮与磁铁可靠接触，开关触点可靠动作，碰轮略有压缩余量。碰轮距碰铁边不小于 5mm，如图 11-9 所示。

（4）开关碰轮的安装方向应符合要求，以防损坏，如图 11-9所示。

11.1.7　安装感应开关和感应板

（1）无论装在轿厢上的平层感应开关及开门感应开关，还是

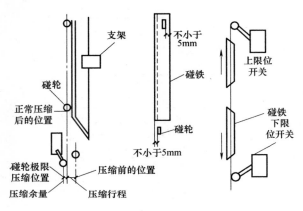

图 11-9　开关及碰铁安装示意图

装在轨道上的选层、截车感应开关（此种是没有选层器的电梯），其形式基本相同。安装应横平竖直，各侧面应在同一垂直面上，其垂直偏差不大于 1mm。

（2）感应板安装应垂直，插入感应器时宜位于中间，若感应器灵敏度达不到要求时，可适当调整感应板，但与感应器内各侧间隙不小于 7mm。

（3）感应板应能上下，左右调节，调节后螺栓应可靠锁紧，电梯正常运行时不得与感应器产生摩擦，严禁碰撞。

11.1.8　安装指示灯、按钮、操纵盘

指示灯盒安装应横平竖直，其误差不大于 1mm，指示灯盒中心与门中心偏差不大于 5mm。埋入墙内的按钮盒、指示灯盒其盒口不应突出墙体装饰面，盒面板与墙面间隙应均匀，且不大于 1mm。厅外层楼指示灯盒应装在外厅门口上 0.15～0.25m 的厅门中心处（指示灯在按钮盒中或钢门套中的除外）；呼梯按钮盒应装在厅门距地 1.2～1.4m 的墙上，盒边距厅门 0.2～0.3m；群控、集选电梯的召唤盒应装在两台电梯的中间位置。

在同一候梯厅有 2 台及以上电梯并列或相对安装时，各层门

指示灯盒的高度偏差不应大于 5mm；各召唤盒的高度偏差不应大于 2mm，与层门边的距离偏差不应大于 10mm；相对安装的当层指示灯盒和各召唤盒的高度偏差均不应大于 5mm。具有消防功能的电梯，必经在基站或撤离层设置消防开关。消防开关盒应装于召唤盒的上方，其底边距地面高度为 1.6～1.7m。

各层门指示灯、召唤按钮及开关的面板安装后应与墙壁饰面贴实，不得有明显的凹凸变形和歪斜，并应保持洁净，无损伤。操纵盘面板的固定方法有用螺钉固定和搭扣夹住固定的形式，操纵盘面板与操纵盘轿壁间的最大间隙应在 1mm 以内。指示灯、按钮，操纵盘的指示信号应清晰明亮准确，遮光罩良好，不应有漏光和串光现象。按钮及开关应灵活可靠，不应有阻卡现象。

11.1.9 导线的敷设及其连接

穿线前将电线管或线槽内清扫干净，不得有积水、污物。电线管要检查各个管口的护口是否齐全，如有遗漏和破损，均应补齐和更换。电梯电气安装中的配线应使用额定电压不低于 500V 的铜芯导线。穿线时不能出现损伤线皮、扭结等现象，并留出适当备用线，其长度应与箱、盒、柜内最长的导线相同。

导线要按布线图敷设，电梯的供电电源必须单独敷设。动力和控制线路应分别敷设，微信号及电子线路应按产品要求单独敷设或采取抗干扰措施，若在同一线槽中敷设，其间要加隔板。在线槽的内拐角处要垫橡胶板等软物，以保护导线，如图 11-10 所示。

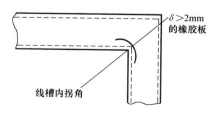

δ>2mm 的橡胶板

线槽内拐角

图 11-10　线槽转角处保护

导线在线槽的垂直段，用尼龙扎扣扎成束，并固定在线槽底板下。出入电线管或电线槽的导线无专用保护时，导线应有保护措施。导线截面为 6mm^2 及以下的单股铜芯线和 2.5mm^2 及以下的多股铜芯线与电气器具的端子可直接连接，但多股铜芯线的线芯应先拧紧，涮锡后再连接，超过 2.5mm^2 的多股铜芯线的终端，应焊接或压接端子后，再与电气器具的端子连接。

导线接头包扎时首先用橡胶（或自粘塑料带）绝缘带从导线接头处始端的完好绝缘层开始，缠绕 1～2 个绝缘带宽度，再以半幅宽度重叠进行缠绕。在包扎过程中尽可能收紧绝缘带，最后在绝缘层上缠绕 1～2 圈后，再进行回缠，而后用黑胶布包扎，以半幅宽度边压边进行缠绕，在包扎过程中收紧胶布，导线接头处两端应用黑胶布封严密。引进控制盘柜的控制电缆、橡胶绝缘芯线应外套绝缘管保护。

控制盘柜压线前应将导线沿接线端子方向整理成束，排列整齐，用小线或尼龙卡子分段绑扎，做到横平竖直，整齐美观。绑扎导线不能用金属裸导线和电线进行绑扎。导线终端应有清晰的线路编号，保护线和电压 220V 及以上线路的接线端子应有明显的标记。导线压接要严实，不能有松脱，虚接现象。

11.1.10　安装井道照明

井道照明在井道最高和最低点 0.5m 以内各装设一盏灯，中间每隔 7m（最大值）装设一盏灯，井道照明电压宜采用 36V 安全电压。井道照明装置暗配施工时，在井道施工过程中将灯头盒和电线管路随井道施工将灯头盒和电线管预埋在所要求的位置上，待井道施工完和拆除模板后要进行清盒和扫管工作。

明配施工时，按设计要求在井道壁上划线，找好灯位和电线管位置，用 $\phi6$ 塑料胀塞及 $\phi4$ 的自攻木螺钉分别将灯头盒固定在井道壁的灯位上，按配管要求固定好电线管。若采用 220V 照明，灯头盒与电线管按要求分别做好跨接地线，焊点要刷防腐漆。电线管管口上好护口，导线绝缘电压不得低于交流 500V，按设计要求选好电线型号、规格。

从机房井道照明开关开始，给电线管穿线，灯头盒内导线按要求做好导线接头，并将相线、零线做好标记。将圆木台固定在灯头盒上，将接灯线从圆木台的出线孔中穿出。将螺口平灯底座固定在圆木台上，分别给灯头压接线，相线接在灯头中心触点的端子上，零线接在灯头螺纹的端子上。用 500V 摇表测量回路绝缘电阻大于 0.5MΩ，确认绝缘摇测无误后再送电试灯。

11.2　电梯调试

11.2.1　电气检查

1. 调试通电前的电气检查

（1）测量电网输入电压应正常，电压波动范围应在额定电压值的±7％范围内。

（2）检查控制柜及其他电气设备的接线是否有错接漏接、虚接。

（3）检查各熔断器容量是否匹配。

（4）环境空气中不应有含有腐蚀性和易燃性气体及导电尘埃存在。

2. 调试通电前的安全开关装置检查

（1）厅门、轿门的电气连锁是否可靠。

（2）检查门、安全门及检修的活动门关闭后的连锁触点是否可靠。

（3）检查断绳开关的可靠性。

（4）检查限速器达到 115％额定速度时应动作可靠。

（5）检查缓冲器动作开关应可靠有效。

（6）检查端站开关，限位开关应灵活有效。

（7）检查各急停开关应灵活可靠。

（8）检查各平层开关及门区开关是否灵活有效。

11.2.2 电气动作试验

(1) 检查全部电气设备的安装及接线应正确无误，接线牢固。

(2) 摇测电气设备的绝缘电阻值不应小于 $0.5M\Omega$，当电路中含有电子装置时，应将相线和零线连接起来，并做记录。

(3) 按要求上好保险丝，并对时间继电器，热保元件等需要调整部件进行检查调整。

(4) 摘掉至电机及抱闸的电气线路，使它们暂时不能动作。

(5) 在轿厢操纵盘上按步骤操作选层按钮、开头门按钮等，并手动模拟各种开关相应的动作，对电气系统进行如下检查：

1) 信号系统：检查指示是否正确，光、响是否正常。

2) 控制及运行系统：通过观察控制屏上继电器及接触器的动作，检查电梯的选层、定向、换速、截车、平层等各种性能是否正确；门锁、安全开关、限位开关等在系统中的作用；继电器、接触器、本身机械、电气连锁是否正常；同时还检查电梯运行的起动、制动、换速的延时是否符合要求；以及屏上各种电气元件运行是否可靠、正常，有无不正常的振动、噪声、过热、粘接等现象。对于设有消防员控制及多台程序控制的电梯，还要检查其动作是否正确。

11.2.3 整机运行调试

1. 曳引电机空载试运转

(1) 将电梯曳引绳从曳引轮上摘下，恢复电气动作试验时摘除的电机及抱闸线路。

(2) 单独给抱闸线圈送电，检查闸瓦间隙、弹簧力度、动作灵活程度胶磁铁行程是否符合要求，有无不正常震动及声响，并进行必要的调整，使其符合要求，同时检查线圈温度，应小于60℃。

(3) 摘去曳引机联轴器的连接螺栓，使电机可单独进行转动。

（4）用手盘动电机使其旋转，如无卡阻及声响正常时，启动电机使之慢速运行，检查各部件运行情况及电机轴承温升情况。若有问题，随时停车处理。如运行正常，试 5min 后改为快速运行，并对各部运行及温度情况继续进行检查，轴承温度的要求为：滑动轴不超过 75℃，滚动轴承不应超过 85℃。若是直流电梯，应检查直流电机电刷。接触是否良好，位置是否正确，并观察电机转向应与运行方向一致。情况正常，30min 后试运行结束。试车时，要对电机空载电流进行测量，应符合要求。

（5）连接好联轴器、手动盘车，检查曳引机旋转情况，如情况正常，将曳引机盘根压盖松开，启动曳引机，使其慢速运行，检查各部运行情况。注意盘根处，应有油出现，曳引机的油温度不得超过 80℃，轴承温度要求同上，如无异常 5min 后改为快速运行，并继续对曳引机及其他部位进行检查。情况正常时，半小时后试运转结束。在试运转的同时逐渐压紧盘根压盖，使其松紧适中，以每分钟 3～4 滴油为宜（调整压盖时，应注意盖与轴的周围间隙应一致）。试车中对电流进行检测。

2. 电梯的慢速调试运行

在电梯运行前，应检查各层厅门确保已关闭。井道内无任何杂物，并做好人员安排。不得擅自离岗。一切听从主调试人员的安排。

（1）检测电机阻值，应符合要求。

（2）检测电源、电压、相序应与电梯相匹配。

（3）继电器动作与接触器动作及电梯运转方向，应确保一致。

（4）应先机房检修运行后才能在轿顶上使电梯处于检修状态，按动检修盒上的慢上或慢下按钮，电梯应以检修速度慢上或慢下。同时清扫井道和轿厢以及配重导轨上的灰沙及油污，然后加油使导轨润滑。

（5）以检修速度逐层安装井道内的各层平层及换速装置，以及上、下端站的强迫减速开关、方向限位开关和极限开关，并使各开关安全有效。

3. 自动门机调试

（1）电梯仍处在检修状态。

（2）在轿内操纵盘上按开门或关门按钮，门电机应转动，且方向应与开关门方向一致。若不一致，应调换门电机极性或相序。

（3）调整开、关门减速及限位开关，使轿厢门启闭平稳而无撞击声，并调整关门时间约为3s，而开门时间小于2.5s左右，并测试关门阻力（如有该装置时）。

4. 电梯的快速运行调试

在电梯完成了上述调试检查项目后，并且安全回路正常，且无短接线的情况下，在机房内准备快车试运行。

（1）轿内、轿顶均无安装调试人员。

（2）轿内、轿顶、机房均为正常状态。

（3）轿厢应在井道中间位置。

（4）在机房内进行快车试验运行。继电器、接触器与运行方向完全一致，且无异常声音。

（5）操作人员进入轿内运行，逐层开关门运行，且开关门无异常声音，并且运行舒适。

（6）在电梯内加入50%的额定载重量，进行精确平层的调整，使平层均符合标准，即可认为电梯的慢、快车运行调试工作已全部完成。

5. 自动门的调整（直流电机驱动）

（1）调整门杠杆，应使门关好后，其两壁所成角度小于180°，以便必要时，人能在轿厢内将门扒开。

（2）用手盘时，调整控制门速行程开关的位置。

（3）通电进行开门、关门，调整门机电阻使开关门的速度符合要求。开门时间一般调整在2.5~3s左右。关门时间一般调整在3~3.5s左右。

（4）安全触板应功能可靠。

6. 平层的调整

（1）轿厢内半载，调整好抱闸松紧度。

（2）快速上下运行至各层，记录平层偏差值，综合分析，调整选层器（调整截车距离）及调整遮磁板，使平层偏差在规定范围内。

（3）轿厢在最底层平层位置。轿厢内加 80% 的额定负载，轿底满载开关动作。

（4）轿厢在最底层平层位置，轿内加 110% 的额定负载，轿底超载开关动作，操纵盘上灯亮，蜂鸣器响，且门不关。

7. 运行速度和平衡系数试验

对电梯运行速度，使轿厢载有 50% 的额定载重量下行或上行至行程中段时，记录电流，电压及转速的数值。

对平衡系数，宜在轿厢以额定载重量的 0%、25%、40%、50%、75%、100%、110% 时作上、下运行，当轿厢与对重运行到同一水平位置时，记录电流、电压及转速的数值（测量电流，用于交流电动机。当测量电流并同时测量电压时，用于直流电动机）。

平衡系数的确定，平衡系数用绘制电流－负荷曲线，以向上、向下运行曲线的交点来确定。

8. 轿厢平层准确度检验方法

在空载工况和额定载重量工况时进行试验：当电梯的额定速度不大于 1m/s 时，平层准确度的测量方法为轿厢自底层端站向上逐层运行和自顶层端站向下逐层运行。

当轿厢在两个端站之间直驶：按上述两种工况测量当电梯停靠层站后，轿厢地坎上平面对层门地坎上平面在开门宽度 1/2 处垂直方向的差值。

12　建筑弱电系统安装与调试

12.1　建筑弱电系统布线

12.1.1　管路安装

1. 线管安装

（1）导管敷设应保持管内清洁干燥，管口应有保护措施和进行封堵处理。

（2）明配线管应横平竖直、排列整齐。

（3）明配线管应设管卡固定，管卡应安装牢固；管卡设置应符合下列规定：

1）在终端、弯头中点处的 150～500mm 范围内应设管卡。

2）在距离盒（箱）、柜等边缘的 150～500mm 范围内应设管卡。

3）在中间直线段应均匀设置管卡。

（4）线管转弯的弯曲半径不应小于所穿入线缆的最小允许弯曲半径，且不应小于该管外径的 6 倍；当暗管外径大于 50mm 时，不应小于 10 倍。

（5）砌体内暗敷线管埋深不应小于 15mm，现浇混凝土楼板内暗敷线管埋深不应小于 25mm，并列敷设的线管间距不应小于 25mm。

（6）线管与控制箱、接线箱、接线盒等连接时，应采用锁母将管口固定牢固。

（7）线管穿过墙壁或楼板时应加装保护套管，穿墙套管应与墙面平齐，穿楼板套管上口宜高出楼面 10～30mm，套管下口应与楼面平齐。

（8）与设备连接的线管引出地面时，管口距地面不宜小于200mm；当从地下引入落地式箱、柜时，宜高出箱、柜内底面50mm。

（9）线管两端应设有标志，管内不应有阻碍，并应穿带线。

（10）吊顶内配管，宜使用单独的支吊架固定，支吊架不得架设在龙骨或其他管道上。

（11）配管通过建筑物的变形缝时，应设置补偿装置。

（12）镀锌钢管宜采用螺纹连接，镀锌钢管的连接处应采用专用接地线卡固定跨接线，跨接线截面不应小于 4mm²。

（13）非镀锌钢管应采套管焊接，套管长度应为管径的1.5～3 倍。

（14）焊接钢管不得在焊接处弯曲，弯曲处不得有弯曲、折皱等现象，镀锌钢管不得加热弯曲。

（15）套接紧定式钢管连接应符合下列规定：

1）钢管外壁镀层应完好，管口应平整、光滑、无变形。

2）套接紧定式钢管连接处应采取密封措施。

3）当套接紧定式钢管管径大于或等于 32mm 时，连接套管每端的紧定螺钉不应少于 2 个。

（16）室外线管敷设应符合下列规定：

1）室外埋地敷设的线管，埋深不宜小于 0.7m，壁厚应大于等于 2mm；埋设于硬质路面下时，应加钢套管，人手孔井应有排水措施。

2）进出建筑物线管应做防水坡度，坡度不宜大于 15‰。

3）同一段线管短距离不宜有 S 弯。

4）线管进入地下建筑物，应采用防水套管，并应做密封防水处理。

2. 线盒安装

（1）钢导管进入盒（箱）时应一孔一管，管与盒（箱）的连接应采用爪形螺纹接头管连接，且应锁紧，内壁应光洁便于穿线。

（2）线管路有下列情况之一者，中间应增设拉线盒或接线盒，其位置应便于穿线：

1）管路长度每超过 30m 且无弯曲。

2）管路长度每超过 20m 且仅有一个弯曲。

3）管路长度每超过 15m 且仅有两个弯曲。

4）管路长度每超过 8m 且仅有三个弯曲。

5）线缆管路垂直敷设时管内绝缘线缆截面宜小于 150mm²，当长度超过 30m 时，应增设固定用拉线盒。

6）信息点预埋盒不宜同时兼做过线盒。

12.1.2　线缆敷设

1. 预埋线槽和暗管敷设缆线

（1）敷设线槽和暗管的两端宜用标志表示出编号等内容。

（2）预埋线槽宜采用金属线槽，预埋或密封线槽的截面利用率应为 30%～50%。

（3）直线管道的管径利用率应为 50%～60%，弯管道应为 40%～50%。暗管布放 4 对对绞电缆或 4 芯及以下光缆时，管道的截面利用率应为 25%～30%。

2. 设置缆线桥架和线槽敷设缆线

（1）密封线槽内缆线布放应顺直，尽量不交叉，在缆线进出线槽部位、转弯处应绑扎固定。

（2）缆线桥架内缆线垂直敷设时，在缆线的上端和每间隔 1.5m 处应固定在桥架的支架上；水平敷设时，在缆线的首、尾、转弯及每间隔 5～10m 处进行固定。

（3）在水平、垂直桥架中敷设缆线时，应对缆线进行绑扎。对绞电缆、光缆及其他信号电缆应根据缆线的类别、数量、缆径、缆线芯数分束绑扎。绑扎间距不宜大于 1.5m，间距应均匀，不宜绑扎过紧或使缆线受到挤压。

（4）楼内光缆在桥架敞开敷设时应在绑扎固定段加装垫套。

3. 线缆补偿余量

线缆穿越建筑物变形缝时应留置相适应的补偿余量规定如下：

（1）线缆布放应自然平直，不应受外力挤压和损伤。

（2）线缆布放宜留不小于 0.15mm 余量。

（3）从配线架引向工作区各信息端口 4 对对绞电缆的长度不应大于 90m。

（4）线缆敷设拉力及其他保护措施应符合产品厂家的施工要求。

4. 光缆敷设

（1）光缆弯曲时不能超过最小曲率半径。施工时一般不应小于光缆外径的 20 倍。

（2）光缆敷设时应控制光缆的敷设张力，避免使光纤受到过度的外力（弯曲、侧压、牵拉、冲击等）。要求布放光缆的牵引力应不超过光缆允许张力的 80%，主要牵引力应加在光缆的加强构件上，光纤不应直接承受拉力。

（3）光缆敷设应单独占用管道管孔。即使合用管道，也应在管孔中穿放塑料管，其内径应为光缆外径的 1.5 倍。与其他弱电系统的缆线平行敷设时，应有一定间距分开敷设，并固定绑扎。

（4）光缆及其接续应有识别标志。标志内容有编号、光缆型号和规格等。

（5）检查光缆穿放的管孔数和其位置应符合设计文件和施工图纸的要求。如采用塑料子管，要求对塑料子管的材料、规格、盘长进行检查，均应符合设计规定。一个水泥管管孔布放两根以上的子管时，其子管等效总外径不宜大于管孔内径的 85%。

（6）架空光缆要求牵引拉力不得大于光缆允许的最大拉力，敷设过程中不允许出现过度弯曲或光缆外护套硬伤等现象。架空光缆垂度应能保证光缆的伸长率不超过 0.2%。

（7）架空光缆在以下几处应预留长度，并增加保护措施要求在敷设时考虑：中、重和超重负荷区布放的架空光缆，应在每根电杆上预留，轻负荷区每3～5杆档作一处预留。预留及保护方式，如图12-1所示。

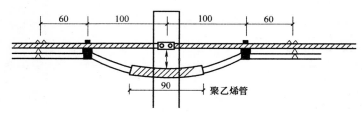

图 12-1 光缆在杆上预留、保护示意（单位：cm）

光缆在经过十字形吊线连接或丁字形吊线连接处，光缆的弯曲应圆顺，并符合最小曲率半径的要求，光缆的弯曲部分应穿放聚乙烯管加以保护，其长度约为30cm左右，如图12-2所示。架空光缆在接头处的预留长度应包括光缆接续长度和施工中所需的消耗长度等，一般架空光缆接头处每侧预留长度为6～10m。

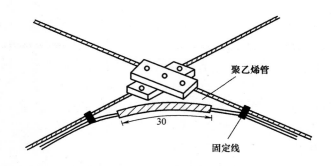

图 12-2 光缆在十字形吊线处保护示意图（单位：cm）

如在光缆终端设备处终端时，在设备一侧应预留光缆长度为10～20m。在电杆附近的架空光缆接头，它的两端光缆应各做伸缩弯，其安装尺寸和形状，如图12-3所示。

230

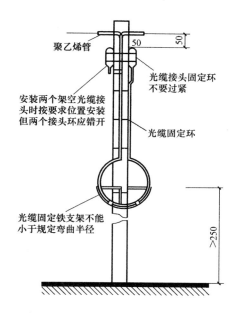

图 12-3　在电杆附近架空光缆接头安装图（单位：cm）

两端的预留光缆应盘放在相邻的电杆上（图中未画出），固定在电杆上的架空光缆接头及预留光缆的安装尺寸和形状，如图12-4 所示。架空光缆在布放时，应预留一些长度，一般每公里约增加 5m。其余留长根据设计要求。

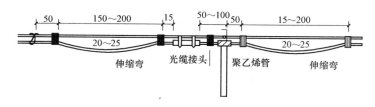

图 12-4　在电杆上架空光缆接头及预置光缆安装（单位：cm）

（8）管道光缆或直埋光缆引上后，与吊挂式的架空光缆相连接时，其引上光缆的安装方式和具体要求，如图 12-5。光缆接头的位置应根据设计中的规定办理。

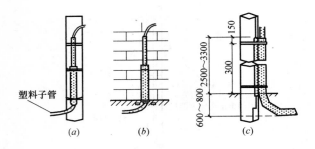

图 12-5　引上光缆安装及保护（单位：cm）
(a) 木杆上电缆引上装置图；(b) 墙壁上电缆引上装置图；
(c) 水泥杆上电缆引上装置图

12.1.3　信息插座安装

信息插座安装标高应符合设计要求，其插座与电源插座安装的水平距离应符合现行国家标准《综合布线系统工程验收规范》GB 50312 的规定。当设计无要求时，其插座宜与电源插座安装标高相同。

（1）信息插座模块、多用户信息插座、集合点配线模块安装位置和高度应符合设计要求。

（2）安装在活动地板内或地面上时，应固定在接线盒内，插座面板采用直立和水平等形式；接线盒盖可开启，并应具有防水、防尘、抗压功能。接线盒盖面应与地面齐平。

（3）信息插座底盒同时安装信息插座模块和电源插座时，间距及采取的防护措施应符合设计要求。

（4）8 位模块式通用插座，多用户信息插座或集合点配线模块，安装位置应符合设计要求。

（5）8 位模块式通用插座底盒的固定方法按施工现场条件而定，宜采用预置扩张螺钉固定等方式。

（6）信息插座模块明装底盒的固定方法根据施工现场条件而定。

（7）固定螺钉需拧紧，不应产生松动现象。

（8）各种插座面板应有标志，以颜色、图形、文字表示所接终端设备业务类型。

（9）工作区内终接光缆的光纤连接器件及适配器安装底盒应具有足够的空间，并应符合设计要求。

12.1.4 缆线终接

1. 对绞电缆终接要求

（1）终接时，每对对绞线应保持扭绞状态，扭绞松开长度对于 3 类电缆不应大于 75mm；对于 5 类电缆不应大于 13mm；对于 6 类及以上类别的电缆不应大于 6.4mm。

（2）对绞线与 8 位模块式通用插座相连时，应按色标和线对顺序进行卡接，如图 12-6 所示。两种连接方式均可采用，但在同一布线工程中两种连接方式不应混合使用。

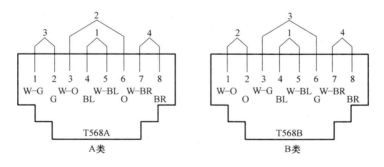

图 12-6　T568A 与 T568B 连接图

G（Green）-绿；BL（Blue）-蓝；BR（Brown）-棕；W（White）-白；O（Orange）-橙

（3）对对绞电缆与非 RJ45 模块终接时，应按线序号和组成的线对进行卡接，如图 12-7 和图 12-8 所示。

（4）屏蔽对绞电缆的屏蔽层与连接器件终接处屏蔽罩应通过紧固器件可靠接触，缆线屏蔽层应与连接器件屏蔽罩 360°圆周接触，接触长度不宜小于 10mm。

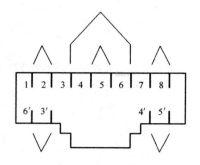

图 12-7　7 类和 7A 类模块插座连接（正视）方式 1

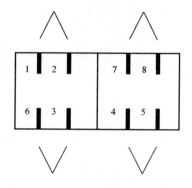

图 12-8　7 类和 7A 类模块插座连接（正视）方式 2

（5）对不同的屏蔽对绞线或屏蔽电缆，屏蔽层应采用不同的端接方法。应使编织层或金属箔与汇流导线进行有效的端接。

（6）信息插座底盒不宜兼做过线盒使用。

2. 光缆终接与接续方式

光纤与连接器件连接可采用尾纤熔接和机械连接方式；光纤与光纤接续可采用熔接和光连接子连接方式；光纤熔接处应加以保护和固定。

3. 光缆芯线终接要求

（1）采用光纤连接盘对光纤进行连接、保护，在连接盘中光纤的弯曲半径应符合安装工艺要求。

（2）光纤熔接处应加以保护和固定。

（3）光纤连接盘面板应有标志。

4. 各类跳线的终接

（1）各类跳线缆线和连接器件间接触应良好，接线无误，标志齐全。跳线选用类型应符合系统设计要求。

（2）各类跳线长度应符合设计要求。

12.2 火灾报警与自动灭火系统安装与调试

12.2.1 火灾和可燃气体探测系统

1. 探测器安装

探测器包括感温探测器、感烟探测器、可燃气体探测报警器等，探测器的安装位置、方向和接线方式应按设计图纸要求进行，并应符合下列规定：

（1）探测器宜水平安装，如必须倾斜安装时，倾斜角不应大于 $45°$。

（2）探测器的底座应固定牢靠，其导线连接必须可靠压接或焊接；当采用焊接时，不得使用带腐蚀性的助焊剂。

（3）探测器的"＋"线应为红色，"－"线应为蓝色，其余线应根据不同用途采用其他颜色区分，但同一工程中相同用途的导线颜色应一致。

（4）探测器底座的外接导线，应留有不小于 15cm 的余量，入端处应有明显标志。

（5）探测器底座的穿线孔宜封堵，安装完毕后的探测器底座应采取保护措施。

（6）探测器的确认灯，应面向便于人员观察的主要入口方向。

（7）探测器在即将调试时方可安装，在安装前应妥善保管，并应采取防尘、防潮、防腐蚀措施。

(8) 可燃气体探测器安装应满足如下要求：

1) 探测器的安装位置应根据被测气体的密度、安装现场的气流方向、湿度等各种条件而确定。密度大，比空气重的气体，探测器应安装在探测区域的下部，距地面 200～300mm 的位置；密度小，比空气轻的气体，探测器应安装在探测区域的上方位置。

2) 在室内梁上安装探测器时，探测器与顶棚距离应在 200mm 以内。

3) 防爆型可燃气体探测器安装位置依据可燃气体比空气重或轻，分别安装在泄漏处的上部或下部，与非防爆型可燃气体探测器安装相同。

2. 调试

(1) 探测系统调试应在系统施工结束后进行，调试人员必须由有资格的专业技术人员或持有消防专业上岗证书的人员担任。

(2) 检查构成系统的设备的规格、型号、性能、数量及备品备件，应符合设计图纸要求。

(3) 检查系统管线施工质量，应符合以下要求：

1) 应无不同性质线缆共管的现象。

2) 各种火警设备接线应正确，接线排列合理，接线端子处标牌编号齐全。

3) 工作接地和保护接地应正确。

(4) 对各种控制设备和装置逐个进行单机通电检查见表 12-1。

<table>
<tr><td colspan="2">各种控制设备和装置通电检查　　　　　　　　表 12-1</td></tr>
<tr><th>项目</th><th>要　　　求</th></tr>
<tr><td>校验线路</td><td>打开被校验回路中的各个部件与设备接线端子一一查对，探测回路线、通信线是否短路或开路，应对导线与导线、导线对地、导线对屏蔽层的绝缘电阻进行分别测试记录，其值不小于 20MΩ</td></tr>
</table>

项目	要　　求
报警控制器的试验	开机后将带上探测点进行编码（硬件编码、软件编码或自适应编址方式编码），并在平面图上做详细记录。对未带上的探测点要逐个检查，如果是管线问题，则在排除线路故障后再开机测试，如果是探测器问题，则更换探测器
火灾探测器的现场测试	采用专用设备对探测器逐个进行试验（或按现行国家标准《火灾自动报警系统施工及验收规范》GB 50166 标准抽检），动作应准确无误，编码与图纸相符；手动报警按钮位置符合图纸要求，编码无误。 （1）感烟型探测器：采用烟雾发生器进行测试，探测器上灯亮后5s内应报警。 （2）感温型探测器：采用温度加热器进行测试，探测器上灯亮后5s内应报警。 （3）火焰探测器（紫外线型，红外线型）：在 25m 内用火光进行测试，探测器上灯亮后 5s 内应报警。 （4）复合型探测器（定温、差温复合型）：根据设计所设定的定温及差温数据，采用温度加热器以设定的最低温度限值进行测试。感烟、感温复合型探测器：先按感烟探测器进行测试后，再按感温探测器进行测试，火灾报警控制器动作、发出声光信号、指示火警部位应与图纸编码相同。 （5）手动报警按钮测试：可用工具松动按钮盖（不损坏设备）进行测试，显示编码与位置和设计图纸相符
可燃气体火灾探测器的现场测试	模拟可燃气体泄漏，应可靠发出报警信号，并自动切断气源，与之相邻的指定的电气装置的电源也应能自动切断

12.2.2　火灾报警控制系统

1. 火灾报警控制器安装

（1）火灾报警控制器（以下简称控制器）在墙上安装时，其底边距地（楼）面高度宜为 1.3～1.5m，落地安装时，其底宜高出地坪 0.1～0.2m。

（2）控制器应安装牢固，不得倾斜。安装在轻质墙上时应采取加固措施。

（3）配线应整齐，避免交叉，并应固定牢固，电缆芯线和所配导线的端部均应标明编号，并与图纸一致。

（4）端子板的每个接线端，接线不得超过两根。

（5）导线应绑扎成束，其导线、引入线穿线后，在进线管处应封堵。

（6）控制器的主电源引入线应直接与消防电源连接，严禁使用电源插头。主电源应有明显标志。

（7）控制器的接地应牢固，并有明显标志。

（8）竖向的传输线路应采用竖井敷设，每层竖井分线处应设端子箱，端子箱内的端子宜选择压接或带锡焊接的端子板，其接线端子上应有相应的标号。

（9）消防控制设备的外接导线，当采用金属软管作套管时，其长度不宜大于 2m 且应采用管卡固定，其固定点间距不应大于 0.5m，金属软管与消防控制设备的接线盒（箱）应采用锁母固定，并应根据配管规定接地。

（10）消防控制设备外接导线的端部应有明显标志。

（11）消防控制设备盘（柜）内不同电压等级、不同电流的类别的端子应分开，并有明显标志。

（12）控制器（柜）接线牢固、可靠，接触电阻小，而线路绝缘电阻要求保证不小于 20MΩ。

2. 调试

（1）报警控制系统调试应在系统施工结束后进行，调试人员必须由有资格的专业技术人员或持有消防专业上岗证书的人员担任。

（2）检查构成系统的设备的规格、型号、性能、数量及备品备件，应符合设计图纸要求。

（3）检查系统管线施工质量，应符合以下要求：

1）应无不同性质线缆共管的现象。

2）各种报警控制设备接线应正确，接线排列合理，接线端子处标牌编号齐全。

3）工作接地和保护接地应正确。

（4）火灾报警控制系统通电后，应对报警控制器进行功能检查见表 12-2。

报警控制器功能检查　　　　　表 12-2

项目	要　　求
自检功能检查	切断受其控制的外接设备进行自检,自检期间如有非自检回路的火灾报警信号输入,应能发出火灾报警声、光信号
消音、复位功能	能直接或间接接收火灾报警信号、声信号,并应能手动消除,但再次有火灾报警信号输入时,应能再启动
故障报警功能	各部件间及打印机连接断线、短路、接地、控制器故障、主电源欠压等,均应能在 100s 内发出与火灾报警信号有明显区别的声、光故障信号
火灾优先功能	当火灾报警控制器内或由其控制进行的查询、中断、判断及数据处理等操作时,对于接收火灾报警信号的延时应不超过 10s
报警记忆功能	接收火灾报警信号后,发出声、光报警信号,指示火灾发生部位并予保持,声、光信号在火灾报警控制器复位前,应不能手动消除,并具有显示或记录火灾报警时间的月、日、时、分等信息的计时装置
电源功能检查	电源自动转换和备用电源的自动充电,备用电源的欠压和过压报警功能
与自动报警、灭火、消防联动检查	应有通信接口,且提供双方通信协议、硬件接口技术资料并获得有关方面确认
屏蔽及接地良好	火灾报警控制器在场强 10V/m 及 1MHz～1GHz 频率范围内的辐射电磁场干扰下,不应发出火灾报警信号和不可恢复的故障信号,且应正常运行

12.2.3　消防联动系统

1. 线缆敷设

导线的种类、电压等级应符合现行国家标准《火灾自动报警系统设计规范》GB 50116 的规定。线缆敷设还应符合表 12-3 的规定。

2. 接口模块安装

接口模块包括输入输出、切换及各种控制动作模块以及总线隔离器等。

（1）总线隔离器设置应满足：当隔离器动作时,被隔离保护的输入输出模块不应超过 32 个。

项目	要　求
消火栓泵、喷淋泵配电线路	（1）阻燃型电线穿金属管并埋设在非燃砌体内或采用电缆桥架敷设。 （2）耐火电缆宜配以耐火型电缆桥架或选用防火型电缆。 （3）当变电所与水泵房相邻或距离较近并属于同一防火分区时,供电电源干线可采用耐火电缆。 （4）当变电所与水泵房距离较远并穿越不同防火分区时,应采用防火型电缆
防排烟装置配电线路	（1）防排烟装置包括送风机、排烟机、防火阀等,一般布置较分散,其配电线路防火既要考虑供电主回路线路,也要考虑联动控制线路。 （2）防排烟装置配电线路、联动和控制线路应采用耐火型电缆。 （3）配电线路和控制线路在敷设时,应尽量缩短线路长度,避免穿越不同的防火分区
防火卷帘门配电线路	（1）防火卷帘门的电源应引自各楼层带双电源切换配电箱,以确保供电可靠。 （2）当防火卷帘门水平配电线路较长时,应采用耐火电缆并使用耐火型电缆桥架明敷,以确保发生火灾时仍能可靠供电
消防电梯配电线路	（1）消防电梯应有两路专线配电,并应采用耐火电缆。 （2）当有供电可靠性特殊要求时,两路配电专线一路可选用防火型电缆。 （3）垂直敷设的配电线路应尽量在电气竖井内,并可不穿金属管保护,但当与延燃电缆敷设在同一竖井时,两者间必须用耐火材料隔开
火灾应急照明线路	（1）火灾应急照明包括疏散指示照明、火灾事故照明、备用照明。 （2）火灾应急照明线路应采用阻燃型电线穿金属保护管暗敷于不燃结构内,且保护层厚度不小于 30mm。 （3）在吊顶内敷设时,应采用耐热或耐火型电线
消防广播、通信等配电线路	（1）包括火灾事故广播、火灾警铃、消防电话设备。 （2）宜采用阻燃型电线穿保护管单独暗敷。 （3）当必须采用明敷线路时,应对线路做耐火处理

消防联动系统线缆敷设要求　　　　**表 12-3**

（2）为便于维修,应将其装于设备控制柜内或吊顶外,吊顶外应安装在墙上距地面高 1.5m 处（若装于吊顶内,需在吊顶上开维修孔洞）。

（3）明装时，将模块底盒安装在预埋盒上；暗装时，将模块底盒预埋在墙内或安装在专用装饰盒上。

3. 调试

（1）报警控制系统调试应在系统施工结束后进行，调试人员必须由有资格的专业技术人员或持有消防专业上岗证书的人员担任。

（2）检查构成系统的设备的规格、型号、性能、数量及备品备件，应符合设计图纸要求。

（3）检查系统管线施工质量，应符合以下要求：

1）应无不同性质线缆共管的现象。

2）各种接口模块接线应正确，接线排列合理，接线端子处标牌编号齐全。

3）工作接地和保护接地应正确。

（4）联动功能调试见表12-4。

系统调试开通后，对系统功能逐项检查，做好调试记录，编写调试报告。系统运行120h正常后，报请消防监督机构验收。

联动功能调试 表 12-4

项目	联动调试要求
消火栓系统	（1）在消防控制中心应能控制消防泵的启、停。试验1～3次，并能显示工作及故障状态。 （2）在水泵房就地控制消防泵的启、停及主泵、备泵转换，试验1～3次，应正常，并在消防水泵控制箱上能显示泵的工作及故障状态。 （3）动作消火栓箱内的手动控制按钮，在任何楼层及部位均能启动消防泵，并可通过输入模块向消防控制中心报警，以明确报警的部位
喷水灭火系统	（1）在消防控制中心应能控制喷淋泵的启停，试验1～3次，并能显示工作及故障状态，显示信号阀及水流指示器的工作状态。 （2）在水泵房就地控制喷淋泵与备用泵转换运行，试验1～3次，应正常。 （3）进行末端放水试验：检查末端的压力表及放水阀，然后进行放水，检查水流指示器、报警阀和压力开关启动喷淋泵的动作应正常，符合要求，在喷淋泵控制箱上能显示泵的工作及故障状态

项目	联动调试要求
泡沫及干粉灭火系统	(1)在消防控制中心应能对泡沫泵及消防泵的启停,试验1~3次,并显示其工作状态。 (2)对干粉系统控制启停试验1~3次,应正确,并显示系统工作状态
有管网的卤代烷、二氧化碳灭火系统	(1)应进行人工启动和紧急切断试验1~3次。 (2)显示系统手动、自动工作状态。 (3)在报警喷射阶段,应有相应的声、光信号,并能手动切除声响;消防控制中心应有喷放显示。 (4)在延时阶段,应有自动关闭防火门窗、空调机及有关部位的防火阀,落下防火幕等动作,试验1~3次均正常,并显示其工作状态。 (5)应抽一个保护区进行喷放试验
报警装置及通信的检测	(1)走道或室内的两个相邻的有编码的探测器动作,应控制着火层及相邻层的火灾应急广播或警报装置投入工作。对于共享扬声器,应做强行切换试验。 (2)消防通信设备应功能正常,语音清楚。 (3)消防控制中心与设备间的对讲电话,进行1~3次通话试验。 (4)每个电话插孔上进行通话试验。 (5)消防控制中心的外接电话与"119"进行1~3次通话试验
检查消防联动控制设备	消防联动控制设备在接到已确认的火灾报警信号后,应在3s内发出联动信号,并按有关逻辑关系联动一系列相关设备发生动作,最长时间不得越过30s,联动下列设备应试验1~2次: (1)切断着火层及相邻层的非消防电源,接通消防电源和受联动控制器控制的应急灯及疏散、诱导灯投入工作。 (2)当走道或室内的两个相邻有编码的探测器报警时,控制电梯全部停于首层,接收其反馈信号(5s内),并显示其状态。 (3)疏散信道上的防火卷帘一侧的感烟探测器动作后,防火卷帘下降距地(楼)面1.8m,当防火卷帘两侧的感温探测器动作后,防火卷帘下降到底;作为防火分隔用的防火卷帘在火灾探测器动作后防火卷帘下降到底,以上均应接收其反馈信号(5s内),并显示其状态。 (4)常开防火门的任一侧火灾探测器报警后,常开防火门应自动关闭,接收其反馈信号(5s内),并显示其状态。 (5)室内任一火灾探测器报警后,停止有关部位的空调机,关闭电动防火阀,接收其反馈信号(5s内),并显示其状态。 (6)走道或室内的两个相邻的有编码的探测器动作后,启动有关部位的防烟、排烟风机及排烟阀正压送风口,接收其反馈信号(5s内),并显示其状态。 (7)开启着火层及相邻层的正压送风口,接收其反馈信号,并显示其状态。 (8)控制着火层及相邻层的应急广播投入运行工作

12.3 安全防范技术系统安装与调试

12.3.1 设备安装

1. 探测器安装

（1）各类探测器的安装，应根据所选产品的特性、警戒范围要求和环境影响等，确定设备的安装点（位置和高度）。

（2）入侵探测器的设置宜远离影响其工作的电磁辐射、热辐射、光辐射、噪声、气象方面等不利环境，当不能满足要求时，应采取防护措施。

（3）探测器底座和支架应安装牢固，导线连接应牢固可靠，外接部分不得外露，并留有适当余量。

（4）探测范围内应无障碍物；被动红外探测器的防护区内，不应有影响探测的障碍物。

（5）周界入侵探测器的安装，应能保证防区交叉，避免盲区，并应考虑使用环境的影响。入侵探测器盲区边缘与防护目标间的距离不应小于 5m。

（6）入侵探测器的灵敏度应满足设防要求，并应可进行调节。

（7）采用室外双束或四束主动红外探测器时，探测器最远警戒距离不应大于其最大射束距离的 2/3。

（8）室外探测器的安装位置应在干燥、通风、不积水处，并应有防水、防潮措施。

（9）磁控开关宜装在门或窗内，安装应牢固、整齐、美观；门磁、窗磁开关应安装在普通门、窗的内上侧；无框门、卷帘门可安装在门的下侧。

（10）振动探测器安装位置应远离电机、水泵和水箱等震动源。

（11）玻璃破碎探测器安装位置应靠近保护目标。

（12）紧急按钮安装位置应隐蔽、便于操作、安装牢固；并应具有防误触发、触发报警自锁、人工复位等功能。

（13）红外对射探测器安装时接收端应避开太阳直射光，同时也要避开其他大功率灯光直射，应顺光方向安装。

（14）系统的信号传输应符合下列规定：

1）传输方式的选择应根据系统规模、系统功能、现场环境和管理方式综合确定；宜采用专用有线传输方式。

2）控制信号电缆应采用铜芯，其芯线的截面积在满足技术要求的前提下，不应小于 0.50mm^2；穿导管敷设的电缆，芯线的截面积不应小于 0.75mm^2。

3）电源线所采用的铜芯绝缘电线、电缆芯线的截面积不应小于 1.0mm^2，耐压不应低于 300/500V。

4）信号传输线缆应敷设在接地良好的金属导管或金属线槽内。

2. 紧急按钮安装

紧急按钮的安装位置应隐蔽，便于操作。

3. 摄像机安装

（1）摄像机应安装在监视目标附近，且不易受外界损伤的地方。摄像机镜头应避免强光直射，宜顺光源方向对准监视目标。当必须逆光安装时，应选用带背景光处理的摄像机，并应采取措施降低监视区域的明暗对比度。

（2）摄像机及镜头安装前应通电检测，工作应正常。

（3）确定摄像机的安装位置时应考虑设备自身安全，其视场不应被遮挡。

（4）应根据摄像机所安装的环境、监视要求配置适当的云台、防护罩。安装在室外的摄像机，必须加装适当功能的防护罩。

（5）在满足监视目标视场范围要求的条件下，摄像机安装距地高度在室内宜为 2.2～5m，在室外宜为 3.5～10m。

（6）摄像机及其配套装置，如镜头、防护罩、支架、雨刷等，安装应牢固，运转应灵活，应注意防破坏，并与周边环境相协调。

（7）在强电磁干扰环境下，摄像机安装应与地绝缘隔离。

（8）信号线和电源线应分别引入，外露部分用软管保护，并不影响云台的转动。

（9）摄像机需要隐蔽安装时，可设置在顶棚或墙壁内。

（10）电梯轿厢内设置摄像机时，应安装在厢门上方的左或右侧，并能有效监视电梯厢内乘员面部特征。视频信号电缆应选用屏蔽性能好的电梯专用电缆。

4. 云台、解码器安装

（1）云台的安装应牢固，转动时无晃动。

（2）应根据产品技术条件和系统设计要求，检查云台的转动角度范围是否满足要求。

（3）解码器应安装在云台附近或吊顶内（但须留有检修孔）。安装前应与前端摄像机连接测试，图像传输与数据通信正常后方可安装。

（4）架空线入云台时，滴水弯的弯度不应小于电（光）缆的最小弯曲半径。

（5）安装室外摄像机、解码器应采取防雨、防腐、防雷措施。

（6）设备箱应具有防尘、防水、防盗功能；设备箱内设备排列应整齐、走线应有标志和线路图。

5. 出入口控制设备安装

出入口控制系统设备的安装除应执行现行国家标准《出入口控制系统工程设计规范》GB 50396 的有关规定外，尚应符合下列规定：

（1）识读设备的安装位置应避免强电磁辐射辐射源、潮湿、有腐蚀性等恶劣环境；感应式读卡机在安装时应注意可感应范围，不得靠近高频、强磁场。

（2）控制器、读卡器不应与大电流设备共用电源插座。

（3）各类识读装置的安装高度离地不宜高于 1.5m，安装应牢固。

（4）控制器宜安装在弱电间等便于维护的地点。

（5）读卡器类设备完成后应加防护结构面，并应能防御破坏性攻击和技术开启。

（6）控制器与读卡机间的距离不宜大于 50m。

（7）配套锁具安装应符合产品技术要求，安装应牢固，启闭应灵活。

（8）红外光电装置应安装牢固，收、发装置应相互对准，并应避免太阳光直射。

（9）信号灯控制系统安装时，警报灯与检测器的距离不应大于 15m。

（10）使用人脸、眼纹、指纹、掌纹等生物识别技术进行识读的出入口控制系统设备的安装应符合产品技术说明书的要求。

6. 访客（可视）对讲设备安装

（1）（可视）对讲主机（门口机）可安装在单元防护门上或墙体主机预埋盒内，（可视）对讲主机操作面板的安装高度离地不宜高于 1.5m，操作面板应面向访客，便于操作。

（2）调整可视对讲主机内置摄像机的方位和视角于最佳位置，对不具备逆光补偿的摄像机，宜作环境亮度处理。

（3）（可视）对讲分机（用户机）安装位置宜选择在住户室内的内墙上，安装应牢固，其高度离地 1.4～1.6m。

（4）联网型（可视）对讲系统的管理机宜安装在监控中心内，或小区出入口的值班室内，安装应牢固、稳定。

7. 电子巡查设备安装

（1）电子巡查系统应根据建筑物的使用性质、功能特点及安全技术防范管理要求设置。对巡查实时性要求高的建筑物，宜采用在线式电子巡查系统。其他建筑物可采用离线式电子巡查系统。

（2）巡查站点应设置在建筑物出入口、楼梯前室、电梯前室、停车库（场）、重点防范部位附近、主要通道及其他需要设置的地方。巡查站点设置的数量应根据现场情况确定。

（3）在线巡查或离线巡查的信息采集点（巡查点）的数目应符合设计与使用要求，其安装高度离地 1.3～1.5m。

（4）巡查站点识读器的安装位置宜隐蔽，安装高度距地宜为1.3～1.5m。

（5）在线式电子巡查系统，应具有在巡查过程发生意外情况及时报警的功能。

（6）在线式电子巡查系统宜独立设置，可作为出入口控制系统或入侵报警系统的内置功能模块而与其联合设置，配合识读器或钥匙开关，达到实时巡查的目的。

（7）独立设置的在线式电子巡查系统，应与安全管理系统联网，并接受安全管理系统的管理与控制。

（8）离线式电子巡查系统应采用信息识读器或其他方式，对巡查行动、状态进行监督和记录。巡查人员应配备可靠的通信工具或紧急报警装置。

（9）巡查管理主机应利用软件，实现对巡查路线的设置、更改等管理，并对未巡查、未按规定路线巡查、未按时巡查等情况进行记录、报警。

8. 停车库（场）管理设备安装

（1）读卡机（IC卡机、磁卡机、出票读卡机、验卡票机）与挡车器安装。

1）安装应平整、牢固，保持与水平面垂直、不得倾斜。

2）读卡机与挡车器的中心间距应符合设计要求或产品使用要求。

3）宜安装在室内，当安装在室外时，应采取防水、防撞、防砸措施。

4）读卡器宜与出票（卡）机和验票（卡）机合放在一起，安装在车辆出入口安全岛上，距栅栏门（挡车器）距离不宜小于2.2m，距地面高度宜为 1.2～1.4m。

（2）感应线圈安装。

1）感应线圈埋设位置与埋设深度应符合设计要求或产品使用要求，与读卡器、闸门机的中心间距宜为 0.9～1.2m。

2）感应线圈至机箱处的线缆应采用金属管保护，并固定牢固。

3）车辆检测地感线圈宜为防水密封感应线圈，其他线路不得与地感线圈相交，并应与其保持不少于 0.5m 的距离。

（3）信号指示器安装。

1）车位状况信号指示器应安装在车道出入口的明显位置，安装高度应为 2.0～2.4m。

2）车位状况信号指示器宜安装在室内；安装在室外时，应考虑防水、防撞措施。

3）车位引导显示器应安装在车道中央上方，便于识别与引导。

（4）停车场（库）内所设置的视频安防监控或入侵报警系统，除在收费管理室控制外，还应在安防控制中心（机房）进行集中管理、联网监控。摄像机宜安装在车辆行驶的正前方偏左的位置，摄像机距地面高度宜为 2.0～2.5m，距读卡器的距离宜为 3～5m。

9. 控制设备安装

（1）控制台、机柜（架）安装位置应符合设计要求，安装应平稳牢固、便于操作维护。机柜（架）背面、侧面离墙净距离不应小于 0.8m。

（2）所有控制、显示、记录等终端设备的安装应平稳，便于操作。其中监视器（屏幕）应避免外来光直射，当不可避免时，应采取避光措施。在控制台、机柜（架）内安装的设备。

（3）控制室内所有线缆应根据设备安装位置设置电缆槽和进线孔，排列、捆扎整齐，编号，并有永久性标志。

12.3.2 系统调试

1. 基本要求

系统调试前应编制完成系统设备平面布置图、走线图以及其他必要的技术文件。调试工作应由项目责任人或具有相当于工程师资格的专业技术人员主持，并编制调试大纲。

2. 调试前的准备

（1）检查工程的施工质量。对施工中出现的问题，如错线、虚焊、开路或短路等应予以解决，并有文字记录。

（2）按正式设计文件的规定查验已安装设备的规格、型号、数量、备品备件等。

（3）系统在通电前应检查供电设备的电压、极性、相位等。

3. 系统调试

先对各种有源设备逐个进行通电检查，工作正常后方可进行系统调试，各系统调试项目和要求见表12-5。

系统调试结束后，应根据调试记录，并如实填写调试报告。调试报告经建设单位认可后，系统才能进入试运行。

各系统调试项目和要求   表 12-5

项 目	调 试 要 求
报 警 系 统 调试	（1）按国家现行入侵探测器系列标准、《入侵报警系统技术要求》GA/T 368 等相关标准的规定，检查与调试系统所采用探测器的探测范围、灵敏度、误报警、漏报警、报警状态后的恢复、防拆保护等功能与指标，应基本符合设计要求。 （2）按现行国家标准《入侵报警系统工程设计规范》GB 50394 的规定，检查探测器的探测范围、灵敏度、误报警、漏报警、报警状态后的恢复、防拆保护等功能与指标，检查结果应符合设计要求。 （3）按国家现行标准《防盗报警控制器通用技术条件》GB 12663 的规定，检查控制器的本地、异地报警、防破坏报警、布撤防、报警优先、自检及显示等功能，应基本符合设计要求。 （4）检查紧急报警时系统的响应时间，应基本符合设计要求。 （5）检查报警联动功能，电子地图显示功能及从报警到显示、录像的系统反应时间，检查结果应符合设计要求

项目	调 试 要 求
视频安防监控系统调试	(1)按现行国家标准《视频安防监控系统技术要求》GA/T 367等国家现行相关标准的规定,检查并调试摄像机的监控范围、聚焦、环境照度与抗逆光效果等,使图像清晰度、灰度等级达到系统设计要求。 (2)检查摄像机与镜头的配合、控制和功能部件,应保证工作正常,且不应有明显逆光现象。 (3)检查并调整对云台、镜头等的遥控功能,排除遥控延迟和机械冲击等不良现象,使监视范围达到设计要求。 (4)检查并调整视频切换控制主机的操作程序、图像切换、字符叠加等功能,保证工作正常,满足设计要求。 (5)调整监视器、录像机、打印机、图像处理器、同步器、编码器、解码器等设备,保证工作正常,满足设计要求。 (6)当系统具有报警联动功能时,应检查与调试自动开启摄像机电源、自动切换音视频到指定监视器、自动实时录像等功能。系统应叠加摄像时间、摄像机位置(含电梯楼层显示)的标志符,并显示稳定。当系统需要灯光联动时,应检查灯光打开后图像质量是否达到设计要求。 (7)检查与调试监视图像与回放图像的质量,在正常工作照明环境条件下,监视图像质量不应低于现行国家标准《民用闭路监视电视系统工程技术规范》GB 50198 的相关规定。 (8)图像显示画面上应叠加摄像机位置、时间、日期等字符,字符应清晰、明显。 (9)电梯桥厢内摄像机图像画面应叠加楼层等标志,电梯乘员图像应清晰。 (10)当本系统与其他系统进行集成时,应检查系统与集成系统的联网接口及该系统的集中管理和集成控制能力。 (11)应检查视频型号丢失报警功能。 (12)数字视频系统图像还原性及延时等应符合设计要求。 (13)安全防范综合管理系统的文字处理、动态报警信息处理、图表和图像处理、系统操作应在同一套计算机系统上完成

项目	调 试 要 求
出入口控制系统调试	(1)按《出入口控制系统技术要求》GA/T 394 等国家现行相关标准的规定,检查并调试系统设备如读卡机、控制器等,系统应能正常工作。 (2)对各种读卡机在使用不同类型的卡(如通用卡、定时卡、失效卡、黑名单卡、加密卡、防劫持卡等)时,调试其开门、关门、提示、记忆、统计、打印等判别与处理功能。 (3)按设计要求,调试出入口控制系统与报警、电子巡查等系统间的联动或集成功能。 (4)每一次有效的进入,系统应储存进入人员的相关信息,对非有效进入及胁迫进入应有异地报警功能。 (5)检查系统的响应时间及事件记录功能,检查结果应符合设计要求。 (6)系统与考勤、计费及目标引导(车库)等一卡通联合设置时,系统的安全管理应符合设计要求。 (7)调试出入口控制系统与报警、电子巡查等系统间的联动或集成功能。调试出入口控制系统与火灾自动报警系统间的联动功能,联动和集成功能应符合设计要求。 (8)对采用各种生物识别技术装置(如指纹、掌形、视网膜、声控及其复合技术)的出入口控制系统的调试,应按系统设计文件及产品说明书进行。 (9)检查系统与智能化集成系统的联网接口,接口应符合设计要求
访客(可视)对讲系统调试	(1)按国家现行标准《楼宇对讲系统及电控防盗门通用技术条件》GA/T 72、《黑白可视对讲系统》GA/T 269 的要求,调试门口机、用户机、管理机等设备,保证工作正常。 (2)按国家现行标准《楼宇对讲系统及电控防盗门通用技术条件》GA/T 72 的要求,调试系统的选呼、通话、电控开锁等功能。 (3)系统双向对讲、遥控开锁、密码开锁功能和备用电池应符合现行行业标准《楼宇对讲系统及电控防盗门通用技术条件》GA/T 72 的相关要求及设计要求。 (4)可视对讲系统的图像质量应符合现行行业标准《黑白可视对讲系统》GA/T 269 的相关要求,声音清楚、声级应不低于 80dB。 (5)对具有报警功能的访客(可视)对讲系统,应按现行国家标准《防盗报警控制器通用技术条件》GB 12663 及相关标准的规定,调试其布防、撤防、报警和紧急求助功能,并检查传输及信道有否堵塞情况

项目	调 试 要 求
电子巡查系统调试	(1)调试系统组成部分各设备,均应工作正常。 (2)检查在线式信息采集点读值的可靠性、实时巡查与预置巡查的一致性,并查看记录、存储信息以及在发生不到位时的即时报警功能。 (3)检查离线式电子巡查系统,确保信息钮的信息正确,数据的采集、统计、打印等功能正常
停车库(场)管理系统调试	(1)检查并调整读卡机刷卡的有效性及其响应速度。 (2)调整电感线圈的位置和响应速度,应符合设计要求。 (3)调整挡车器的开放和关闭的动作时间。 (4)调整系统的车辆进出、分类收费、收费指示牌、导向指示、挡车器工作、车牌号复核或车型复核等功能。 (5)系统对车辆进出的信号指示、计费、保安等功能应符合设计要求。 (6)出、入口车道上各设备应工作正常;IC卡的读/写、显示、自动闸门机起落控制、出入口图像信息采集以及与收费主机的实时通信功能应符合设计要求。 (7)收费管理系统的参数设置、IC卡发售、挂失处理及数据收集、统计、汇总、报表打印等功能应符合设计要求
采用系统集成方式的系统调试	(1)按系统的设计要求和相关设备的技术说明书、操作手册,先对各子系统进行检查和调试,应能工作正常。 (2)按照设计文件的要求,检查并调试安全管理系统对各子系统的监控功能,显示、记录功能,以及各子系统脱网独立运行等功能。 (3)模拟输入报警信号后,视频监控系统的联动功能应符合设计要求。 (4)视频监控系统、出入口控制系统应与火灾自动报警系统联动,联动功能应符合设计要求

项目	调试要求
供电、防雷与接地设施的检查	(1)检查系统的主电源和备用电源,其容量应为入侵报警系统、视频安防监控系统、出入口控制系统等的不同供电消耗总系统额定功率的 1.5 倍。 (2)检查各子系统在电源电压规定范围内的运行状况,应能正常工作。 (3)分别用主电源和备用电源供电,检查电源自动转换和备用电源的自动充电功能。 (4)当系统采用稳压电源时,检查其稳压特性、电压纹波系数应符合产品技术条件;当采用 UPS 作备用电源时,应检查其自动切换的可靠性、切换时间、切换电压值及容量,并应符合设计要求。 (5)检查系统的防雷与接地设施;复核土建施工单位提供的接地电阻测试数据,其接接地电阻不得大于 4Ω;建造在野外的安全防范系统,其接地电阻不得大于 10Ω;在高山岩石的土壤电阻率大于 2000Ω·m 时,其接地电阻不得大于 20Ω。 如达不到要求,必须整改。 (6)按设计文件要求,检查各子系统的室外设备是否有防雷措施

13 热工仪表安装与校验调试

13.1 一次阀门及仪表安装

13.1.1 一次阀门安装

（1）安装前各类管阀门应进行检查和清理，其中合金钢部件应进行光谱分析并应作标识。

（2）高温高压取源阀门安装前，应按下列规定进行检验：

1）同一批次的阀门应至少检验一个。

2）应对阀芯、阀座、阀杆的材质进行检验。

3）检验中发现问题时，应扩大抽检比例。

4）取源阀门应进行严密性试验，用 1.25 倍工作压力（可在锅炉水压同时进行）进行水压试验，5min 内无泄漏现象。

（3）取源阀门应靠近测点，便于操作，固定牢固，不应影响主设备热态位移。取源阀门的型号、规格，应符合设计要求。

（4）直接焊接在加强型插座上的一次阀门可不用支架，其他一次阀门必须装设固定支架。

（5）高、中压热力系统的取源阀门应采用焊接的方式连接，其他系统阀门宜选用外螺纹连接。取源阀门前不得采用卡套式接头。

（6）连接丝扣阀门的短接管长度应比六角螺母厚度长 10mm，误差应小于±2mm。加垫连接完成后，阀门还应露出丝扣 2～3 扣。螺母拧入前，应加入适应测量介质要求的密封垫。

（7）取源阀门应在热力系统压力试验前安装，并参加主设备的严密性试验。

13.1.2 介质测温元件安装

（1）测温件的插座及保护套管应在热力系统压力试验前安装，并应参加主设备的严密性试验。

（2）测温元件的安装应符合下列规定：

1）采用螺纹固定的测温元件安装前，应测量插座螺纹和测量元件螺纹的公差尺寸。

2）清除温度插座内部的氧化层，并在螺纹上涂抹防锈或防卡涩材料。

3）测温元件与插座之间应装密封垫片，并保证安装后接触面严密。

4）对于高、中压管道，若插座全部在保温层内，则宜从插座端面起向外选用松软的保温材料进行保温，插座高度宜不低于保温层厚度。

（3）水平安装的测温元件，若插入深度大于 1m，应有防止保护套管弯曲的措施。

（4）送引风、煤粉管道上安装的测温元件，应装有可与测温元件一同拆卸的防磨损保护罩或采取其他防磨损措施。

（5）在直径为 76mm 以下的管道上安装测温元件时，如无小型测温元件，宜采用装扩大管的方法安装。

（6）在公称压力不大于 1.6MPa 的管道上安装测温元件时，可采用在弯头处沿管道中心线迎着介质流向插入安装。

（7）双金属温度计应装在便于监视和不易遭受机械损伤的地方，其感温元件应全部浸入被测介质中。

（8）压力式温度计的温包应全部浸入被测介质中。毛细管的敷设应有保护措施，其弯曲半径应不小于 50mm，在通过温度较高或有剧烈变化的区域时，应采取隔热措施。

（9）插入式热电偶和热电阻的套管，其插入深度应符合下列要求：

1）高温高压（主）蒸汽管道的公称通径不大于 250mm 时，

插入深度宜为 70mm；公称通径大于 250mm 时，插入深度宜为 100mm。

2）一般流体介质管道的外径不大于 500mm 时，插入深度宜为管道外径的 1/2；外径大于 500mm 时，插入深度宜为 300mm。

3）烟、风及风粉混合物介质管道，插入深度宜为管道外径的 1/3～1/2。

4）回油管道上测温元件的测量端，应浸入被测介质中。

（10）测量粉仓煤粉温度的测温元件，宜从粉仓顶部垂直插入并采取防磨损及防弯曲的加固措施，其插入深度宜分上、中、下三种，可测量不同断面的煤粉温度。

13.1.3　取压装置安装

（1）压力测点位置的选择应符合下列规定：

1）测量管道压力的测点，应设置在流速稳定的直管段上，不应设置在有涡流的部位。

2）压力取源部件与管道上调节阀的距离：上游侧应大于 2 倍工艺管道内径；下游侧应大于 5 倍工艺管道内径。

3）测量低于 0.1MPa 的压力时，应减少液柱引起的附加偏差。

4）测量较大容器微压、负压时，宜采用多点取样取平均值的方式。

5）炉膛压力取源部件的位置应符合锅炉厂要求，宜设置在燃烧室火焰中心的上部。

6）锅炉一次风管的压力测点，应选择在燃烧器之前，能正确反映一次风压力的位置；二次风管的压力测点，应选择在空气预热器后至燃烧器之间，并应尽可能保持距离相等。

（2）水平或倾斜管道上压力测点的安装方位，应符合下列规定：

1）测量气体压力时，测点应安装在管道的上半部。

2) 测量液体压力时，测点应安装在管道的下半部与管道水平中心线呈 45°夹角的范围内。

3) 测量蒸汽压力时，测点应安装在管道的上半部或下半部与管道水平中心线呈 45°夹角的范围内。

（3）测量带有灰尘或气粉混合物等介质的压力时，应采取具有防堵和吹扫结构的取压装置。取压管的安装方向应符合下列规定：

1) 在垂直管道、炉墙或烟道上，取压管应倾斜向上安装，与水平线所成的夹角应大于 30°。

2) 在水平管道上，取压管应安装在管道上方，且宜垂直安装。

（4）风压的取压孔径应与取压装置外径相符，以防堵塞。取压装置应有吹扫用的堵头和可拆卸的管接头。

（5）压力取源部件的端部不得超出被测设备或管道的内壁，取压孔和取源部件均应无毛刺。

13.1.4 节流装置安装

（1）安装前应对节流件的外观及节流孔直径进行检查和测量，并做好记录。

（2）节流件应安装在邻近节流件上游至少 2 倍管道内径长度范围内，其管道内径任何断面上的偏差平均值应为±0.3‰。

（3）在节流件上游至少 10 倍管道内径和下游至少 4 倍管道内径长度范围内，管子的内表面应清洁，并符合粗糙度等级参数的规定。

（4）节流装置的每个取压装置，至少应有一个上游取压口和一个下游取压口，且具有相同的直径。

（5）节流装置取压口的轴线应与管道轴线相交，并应与其呈直角。取压口的内边缘应与管道内壁平齐。

（6）节流装置的差压用均压环取压时，上、下游侧取压孔的数量应相等，同一侧的取压孔应在同一截面上均匀设置。

（7）节流件在管道中安装应垂直于管道轴线。

（8）当采用夹持环时，夹持环的任何部位不得突入管道内，如节流件与夹持环之间使用垫圈时，垫圈不应突入夹持环内。

（9）节流件采用角接取压装置时，垫圈不得挡住取压口或槽。

（10）在水平或倾斜管道上安装的节流装置，当流体为气体或液体时，取压口的方位应符合以下要求：

1）测量气体压力时，测点应安装在管道的上半部。

2）测量液体压力时，测点应安装在管道的下半部与管道水平中心线呈45°夹角的范围内。

（11）测量蒸汽流量的节流件上、下游取压口装设冷凝器应符合设计要求，安装时两个冷凝器的液面应处于相同的高度，且不低于取压口。差压仪表高于节流装置时，冷凝器应高于差压仪表，冷凝器至节流装置的管路应保温。

（12）在水平或倾斜蒸汽管道上安装的节流装置，其取压口的方位应在管道水平中心线向上45°夹角的范围内。

（13）新装管路系统应在管道冲洗合格后再进行节流件的安装。

（14）靶式流量计宜安装于水平管道上，当必须安装于垂直管道时，流体方向应由下向上。靶的中心应在工艺管段的轴线上。

（15）转子流量计应垂直安装，其倾斜度对1.0级和1.5级的流量计不应超过2°、对低于1.5级的流量计不应超过5°，流体应自下而上通过流量计。上游直管段的长度不宜小于5倍工艺管道内径。

（16）速度式流量计，如涡轮流量计、涡街流量计、旋涡流量计、电磁流量计、超声波流量计等传感器安装应符合下列规定：

1）流量计上、下游直管段长度按制造厂规定，其内径与流量计的公称通径之差不应超过公称通径的±3%并不得超过

258

±5mm；对准确度不低于 0.5 级的流量计，流量计上游 10 倍公称通径长度内和下游 2 倍公称通径长度内的直管段内壁应清洁，无明显凹痕、积垢和起皮现象。

2）当上游直管段长度不够时，可安装整流器。

3）安装时应使流量计的中心线与管道中心线保持一致，最大偏离角度应不大于 3°。

4）电磁流量计应保证流体、法兰、表壳处于同电位，接地应符合产品技术文件的要求。

（17）安装于管道中的质量流量计传感器，其流向标识应与介质流向相一致，安装环境应避免振动，传感器接头两端固定时，应确保其不受应力。

13.1.5　水层平衡容器安装

（1）单室平衡容器的安装应符合下列规定：

1）平衡容器应垂直安装。

2）平衡容器安装标高及与其配合的正、负取压口的距离应符合设计要求的测量范围。

（2）双室平衡容器的安装应符合下列规定：

1）安装前应复核制造尺寸和检查内部管路的严密性。

2）平衡容器应垂直安装，其正、负取压管间的距离应符合设计要求的测量范围。

（3）汽包水位测量所用补偿式平衡容器或热套双室平衡容器及其管路的安装，应符合下列规定：

1）安装前应复核制造尺寸和检查内部管路的严密性。

2）取源阀门应安装在汽包与平衡容器之间。

3）平衡容器应垂直安装，并应使其零水位标识与汽包零水位线处在同一水平上。

4）平衡容器的疏水管应单独引至下降管，垂直距离为 10m 左右，宜单独保温，在靠近下降管侧应装截止阀。

（4）安装平衡容器、阀门和管路时，应有防止因热力设备热膨胀产生位移而被损坏的措施。双室平衡容器除上部汽侧外均应保温。

（5）高、低压加热器水位平衡容器及其管路不得保温，并应采取防护措施。

（6）位于汽包与平衡容器之间的取源阀门应横向安装且阀杆水平，平衡容器至被测容器的汽侧导管应有使凝结水回流的坡度。

（7）在蒸汽不易凝结成水的平衡容器上应装设补充水管，其他低压平衡容器可装灌水丝堵。

（8）平衡容器至差压仪表的正、负压管，应水平引出400mm后再向下并列敷设。

（9）电接点水位计的测量筒应垂直安装，垂直偏差不得大于2°，其底部应装设排污阀门。筒体零水位电极的中轴底部水平线与被测容器的零水位线应处于同一高度。

（10）从电接点水位计引出至下降管的疏水管应单独引至下降管，垂直距离为10m左右，宜单独保温，在靠近下降管侧应装截止阀。

（11）双法兰液位变送器的毛细管敷设弯曲半径应大于75mm且不得扭折，两毛细管应在相同环境温度下。

13.1.6　压力和差压指示仪表及变送器安装

（1）测量蒸汽、水及油的就地压力表的安装应符合下列规定：

1）所测介质公称压力大于6.4MPa或管路长度大于3m时，除取源阀门外，应配置仪表阀门。

2）当被测介质温度高于60℃时，就地压力表仪表阀门前应装设U形或环形管。

（2）测量波动剧烈的压力，应在仪表阀门后加装缓冲装置。仪表应选用具有阻尼作用的压力表，如充油压力表和阻尼阀等。

（3）测量真空的指示仪表或变送器应设置在高于取源部件的

地方。

（4）低量程变送器安装位置与测点的标高差应满足变送器零点迁移范围的规定。

（5）测量蒸汽或液体流量时，差压仪表或变送器的设置应低于取源部件测量气体压力或流量时，差压仪表或变送器应高于取源部件的位置，否则应采取放气或排水措施。

（6）压仪表正、负压室与导管的连接应正确。蒸汽及水的差压测量管路，应装设排污阀和三通阀（或由平衡阀和正、负压阀门组成的三阀组）。仪表阀门安装前应对阀门工作状态进行检查。

（7）变送器宜布置在靠近取源部件和便于维修的地方，并适当集中。

13.2 敷设仪表线路

13.2.1 电线、电缆的敷设及固定

（1）电缆敷设路径应符合设计要求并满足下列规定：

1）电缆应避开人孔、设备起吊孔、窥视孔、防爆门及易受机械损伤的区域；敷设在热力设备和管路附近的电缆不应影响设备和管路的拆装。

2）电缆敷设区域环境温度对电缆的影响应满足正常使用时电缆导体的温度不应高于其长期允许工作温度，明敷的电缆不宜平行敷设于热力管道上部，控制电缆与热力管道之间无隔板防护时，相互间距平行敷设时电缆与热力管道保温应大于 500mm，交叉敷设应大于 250mm，与其他管道平行敷设相互间距应大于 100mm。

3）电缆不应在油管路及腐蚀性介质管路的正下方平行敷设，且不应在油管路及腐蚀性介质管路的阀门或接口的下方通过。

（2）搬运电缆时不应使电缆松散及受伤，电缆盘应按电缆盘上箭头所指方向滚动。

（3）电缆的敷设应在电缆支架和保护管安装结束后进行。

（4）电缆在桥架上的排列顺序应符合设计要求，信号电缆、控制电缆与动力电缆宜按自下而上的顺序排列。每层桥架上的电缆可紧靠或重叠敷设，但重叠不宜超过 4 层。

（5）电缆、光缆的最小弯曲半径应符合下列规定：

1）无铠装层的电缆，应不小于电缆外径的 6 倍。

2）有铠装或铜带屏蔽结构的电缆，应不小于电缆外径的 12 倍。

3）有屏蔽层结构的软电缆，应不小于电缆外径的 6 倍。

4）阻燃电缆，不应小于电缆外径的 8 倍。

5）氟塑料绝缘及护套电缆，不应小于电缆外径的 10 倍。

6）光缆，不应小于光缆外径的 15 倍（静态）和 20 倍（动态）。

（6）电缆跨越建筑物伸缩缝处，应留有备用长度。

（7）不得敷设有明显机械损伤的电缆。电缆敷设时应防止由于电缆之间及电缆与其他硬质物体之间摩擦引起的机械损伤。

（8）电缆敷设应按顺序排列整齐，绑扎固定，不宜交叉，宜在以下部位设置绑扎点：

1）垂直敷设时，在每一支架上。

2）水平敷设时，在直线段的首末两端及每间隔 5～10m 处。

3）电缆拐弯处。

4）穿越保护管的两端。

5）电缆引入表盘前 300～400mm 处。

6）引入接线盒及端子排前 150～300mm 处。

（9）电缆敷设后应及时挂装标识牌，并符合下列要求：

1）电缆终端头处应挂装标识牌。

2）标识牌应有编号、电缆型号、规格及起止地点，字迹应清晰不易脱落。

3）标识牌规格宜统一，应能防腐，挂装牢固。

（10）电缆通过电缆沟、竖井、建筑物及进入盘柜时，出入口应按设计要求进行封堵。

（11）电缆沟道、电缆桥架和竖井等采取的防火封堵措施，防火封堵材料的使用应符合制造厂的要求。防火堵料封堵应表面平整、牢固严实，无脱落或开裂。阻燃涂料的涂刷应厚薄均匀，不应漏刷和污染相邻物体。防火包不应板结，堆砌应密实牢固、外观整齐。

13.2.2　电线、电缆接线

（1）电缆接线前两端应作电缆头，电缆头可采用热缩型。电缆头应排列整齐、固定牢固。铠装电缆作电缆头时，其钢带应用包箍扎紧。

（2）集中布置盘柜电缆头的高度宜保持一致，电缆头距离盘柜底部高度不宜小于 200mm，分层布置时电缆头距离盘柜底部高度不宜超过 600mm。

（3）盘、柜内的电缆芯线，应垂直或水平有规律地整齐排列，备用芯长度应至最远端子处，并宜有标识，且芯线导体不得外露。

（4）电缆芯线不应有伤痕，单股线芯弯圈接线时，其弯曲方向应与螺栓紧固方向一致。多股软线芯与端子连接时，线芯应压接与芯线规格相应的终端附件，并用规格相同的压接钳压接。芯线与端子接触应良好，螺栓压接牢固。每个接线端子宜为一根接线，不得超过两根。

（5）芯线在端子的连接处应留有适当的余量，芯线的端头应有明显的不易脱落、褪色的回路编号标识，标识长度及字母排列方向应一致。

（6）电缆、导线不应有中间接头。

（7）屏蔽电缆或屏蔽补偿导线的屏蔽层均应接地，并符合下列规定：

1）总屏蔽层及对绞屏蔽层均应接地。

2）全线路屏蔽层应有可靠的电气连续性，当屏蔽电缆经接线盒或中间端子柜分开或合并时，应在接线盒或中间端子柜内将其两端的屏蔽层通过端子连接，同一信号回路或同一线路屏蔽层只允许有一个接地点。

3）屏蔽层接地的位置应符合设计要求，当信号源浮空时，应在计算机侧接地；当信号源接地时，屏蔽层的接地点应靠近信号源的接地点；当放大器浮空时，屏蔽层的一端宜与屏蔽罩相连，另一端宜接共模地，其中，当信号源接地时接现场地，当信号源浮空时接信号地。

4）多根电缆屏蔽层的接地汇总到同一接地母线排时，应用截面积不小于 1mm² 的黄绿接地软线，压接时每个接线鼻子内屏蔽接地线不应超过 6 根。

（8）光缆芯线终端接线应符合下列规定：

1）采用光纤连接盒对光纤进行连接、保护，在连接盒中光纤的弯曲半径应符合安装工艺要求。

2）光纤熔接处应加以保护和固定，使用连接器以便于光纤的跳接。

3）光纤连接盒面板应有标识。

13.3 热工测量仪表的校验调试

13.3.1 校验前的检查

校验用的标准仪表和仪器应具备有效的检定合格证，封印应完整。其基本偏差的绝对值不应超过被校仪表基本偏差绝对值的 1/3。对热工测量仪表和控制设备校验前的检查，应符合下列规定：

（1）外观完整无损，附件齐全，表内零件无脱落和损坏，接线端子的标示清晰，铭牌清楚，封印完好，型号、规格和材质应符合设计要求。

（2）校验用的连接电路、管路正确可靠。

（3）电气绝缘符合国家标准、国家计量技术规程的规定或仪表安装使用说明书的要求。

（4）电源电压稳定，220V 交流电源和 48V 直流电源的电压波动范围应不超过±10％，24V 直流电源的电压波动应不超过±5％。

（5）气源应清洁、干燥，露点至少比最低环境温度低 10℃，气源压力波动不超过额定值的±10％。

13.3.2　仪表的调试

1. 指示仪表的校验

（1）仪表面板清洁，刻度和字迹清楚。

（2）指针在移动过程中应平稳，无卡涩、摇晃、迟滞等现象。

（3）仪表应进行灵敏度、正行程、反行程偏差和回程差的校验。其正、反行程的基本偏差不应超过允许基本偏差。压力表在轻敲表壳后的指针位移，不应超过允许基本偏差绝对值的 1/2。

（4）电位器和调节螺丝等可调部件应留有余地。

（5）仪表的阻尼时间应符合要求。

（6）具有报警功能的指示仪表应检验报警值，输出接点应正确可靠。

2. 数字式显示仪表

数字式显示仪表应进行示值校验，其示值基本偏差应不超过仪表允许的基本偏差，其他的性能指标和功能应进行检查，符合产品技术文件的要求。显示的符号和数字应清晰、正确，无跳变现象。

3. 变送器检查和校验

（1）变送器的输入毫伏电势、电阻、压力、差压信号与输出信号的关系应与变送器铭牌上标识的一致，并与显示仪表配套。

（2）压力、差压变送器应按产品技术文件要求的压力进行严密性试验，充压至量程压力保持 5min，不应有泄漏。

（3）调整变送器的零点、量程和阻尼时间，并根据运行的要求进行零点的正迁移或负迁移。

（4）变送器的基本偏差或回程偏差，不应超过变送器的基本偏差。

（5）智能型变送器应进行功能检查。

4. 压力仪表校验

压力仪表在校验时，应考虑实际使用中表管液柱高度的修正值。

5. 热电偶的校验和检查

（1）检测主要参数的热电偶应进行校验，热电偶的允许偏差应符合要求。

（2）热电偶的分度号应与配套仪表的分度号一致。

（3）热电偶的检查：测量端应焊接牢固，表面光滑，无气孔；热电偶丝直径应均匀，无裂纹，无机械损伤，无腐蚀和脆化变质现象。

（4）热电偶长度检查。

6. 热电阻校验和检查

（1）热电阻不应断路或短路，保护管应完好无损，无显露的锈蚀和划痕，热电阻的各部分装配应牢固可靠。

（2）热电阻与保护管之间及双支热电阻之间的绝缘电阻，用 100V 绝缘电阻表测量，常温下，铂电阻的绝缘电阻应大于 100MΩ，铜电阻的绝缘电阻应大于 50MΩ。

（3）热电阻的分度号与其配套仪表应一致。

（4）测量主要参数的热电阻安装前应进行检查，允许偏差应符合规定。

13.3.3 仪表管路及线路调试

（1）仪表管路应检查其连接正确，试压合格，符合表 13-1 的要求。

266

阀门严密性试验标准

表 13-1

试验项目	试 验 标 准
汽、水管路的严密性试验	用 1.25 倍工作压力(可在锅炉水压同时进行)进行水压试验,5min 内无泄漏现象
气动信号管路严密性试验	用 1.5 倍工作压力进行严密性试验,5min 内压力降低值不应大于 0.5%
风压管路及切换开关的严密性试验	用 0.10~0.15MPa(表压)压缩空气试压无渗漏然后降至 6kPa 压力进行试验,5min 内压力降低值不应大于 50Pa
油管路及真空管路严密性试验	用 0.10~0.15MPa(表压)压缩空气进行试验,15min 内压力降低值不应大于试验压力的 3%

（2）电气回路校对正确，端子接线牢固。

（3）交、直流电力回路送电前用 500V 绝缘电阻表检查绝缘电阻应不小于 1MΩ，潮湿地区应不小于 0.5MΩ。

（4）补偿导线的型号应与热电偶的分度号及允许偏差等级相符，并校验合格。

14 防雷和接地装置安装

14.1 接地装置安装

14.1.1 人工接地体制作

1. 垂直接地体的加工制作

制作垂直接地体材料一般采用镀锌钢管 $DN50$、镀锌角钢 $\llcorner 50 \times 50 \times 5$ 或镀锌圆钢 $\phi 20$，长度不应小于 2.5m，端部锯成斜口或锻造成锥形，角钢的一端应加工成尖头形状，尖点应保持在角钢的角脊线上并使斜边对称制成接地体。

接地体的连接应采用焊接，并宜采用放热焊接（热剂焊）。当采用通用的焊接方法时，应在焊接处做防腐处理。钢材、铜材的焊接应符合下列规定：

1）导体为钢材时，焊接时的搭接长度及焊接方法见表 14-1。

防雷装置钢材焊接时的搭接长度及焊接方法　　表 14-1

焊接材料	搭接长度	焊接方法
扁钢与扁钢	不应少于扁钢宽度的 2 倍	两个大面不应少于 3 个棱边焊接
圆钢与圆钢	不应少于圆钢直径的 6 倍	双面施焊
圆钢与扁钢	不应少于圆钢直径的 6 倍	双面施焊
扁钢与钢管、扁钢与角钢	紧贴角钢外侧两面或紧贴 3/4 钢管表面，上、下两侧施焊，并应焊以由扁钢弯成的弧形（或直角形）卡子或直接由扁钢本身弯成弧形或直角形与钢管或角钢焊接	

2）导体为铜材与铜材或铜材与钢材时，连接工艺应采用放热焊接，熔接接头应将被连接的导体完全包在接头里，应保证连接部位的金属完全熔化，并应连接牢固。

3）钢管与角钢接地体做法，如图 14-1 所示。

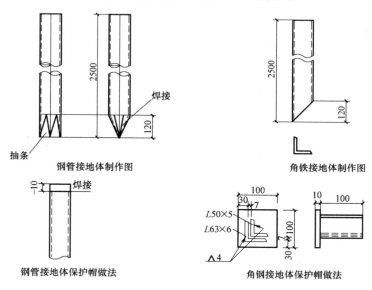

钢管接地体制作图

角铁接地体制作图

钢管接地体保护帽做法

角钢接地体保护帽做法

图 14-1　钢管与角钢接地体做法图

2. 水平接地体的加工制作

一般使用－40mm×40mm×4mm 的镀锌扁钢。

3. 铜接地体

常用 900mm×900mm×1.5mm 的铜板制作接地体，具体制作方法如下。

（1）在铜接地板上打孔，用单股直径 1.3～2.5mm 铜线将铜接地线（绞线）绑扎在铜板上，在铜绞线两侧用气焊焊接。

（2）在铜接地板上打孔，将铜接地绞线分开拉直，搪锡后分四处用单股直径 1.3～2.5mm 铜线绑扎在铜板上，用锡逐根与铜板焊好。

269

（3）将铜接地线与接线端子连接，接线端部与铜端子以及与铜接地板的接触面处搪锡，用 6mm 长的铜铆钉将端子与铜板铆紧，在接线端子周围进行锡焊。铜端子规格为 － 30mm × 1.5mm，长度为 750mm。

（4）使用－25mm×1.5mm 的扁铜板与铜接地板进行铜焊固定。

14.1.2　人工接地装置安装

1. 垂直接地体的安装

将接地体放在沟的中心线上，用大锤将接地体打入地下，顶部距地面不小于 0.6m，间距不小于 5m。接地极与地面应保持垂直打入，然后将镀锌扁钢调直置入沟内，依次将扁钢与接地体用电焊焊接。扁钢应侧放而不可平放，扁钢与钢管连接的位置距接地体顶端 100mm，焊接时将扁钢拉直，焊好后清除药皮，刷沥青漆做防腐处理，并将接地线引出至需要的位置，留有足够的连接高度，以待使用。

2. 水平接地体的安装

水平接地体（带形接地体）一般用于建筑物四周敷设成环状闭合的接地装置，也用于土质坚硬的接地装置（如山区丘陵地带）；安装时应将扁钢侧放敷设在地沟内（不应平放），顶部埋设深度距地面不小于 0.6m，所采用材料规格安设计要求。

3. 铜板接地体的安装

应垂直安装，顶部距地面的距离不小于 0.6m，接地极间的距离不小于 5m。

14.1.3　自然接地体安装

1. 利用钢筋混凝土桩基基础做接地体

在作为防雷引下线的柱子（或者剪力墙内钢筋做引下线）位置处，将桩基础的抛头钢筋与承台梁主筋焊接，再与上面作为引下线的柱（或剪力墙）中钢筋焊接，如图 14-2 所示。如果每一组桩基多于 4 根时，只需连接四角桩基的钢筋作为防雷接地体。

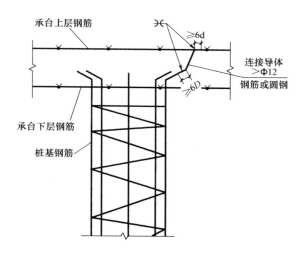

图 14-2 桩基内钢筋接地装置做法图

2. 利用钢筋混凝土板式基础做接地体

利用无防水层底板的钢筋混凝土板式基础做接地时，将利用作为防雷引下线符合规定的柱主筋与底板的钢筋进行焊接连接。按设计尺寸位置要求标好位置，将底板钢筋搭接焊好，然后将柱主筋，不小于 2 根与底板钢筋搭接焊好。

利用有防水层板式基础的钢筋做接地体时，将符合规格和数量的用来做防雷引下线的柱内钢筋，在室外自然地面以下的适当位置处利用预埋连接板与外引的 φ12 镀锌圆钢或－40mm×40mm 的镀锌扁钢相焊接做连接线，做法如图 14-3 所示。

3. 利用独立柱基础、箱形基础做接地体

利用钢筋混凝土独立柱基础及箱形基础做接地体，将用作防雷引下线的现浇混凝土柱内符合要求的主筋，与基础底层钢筋网做焊接连接。

钢筋混凝土独立柱基础如有防水层时，应将预埋的铁件和引下线连接跨越防水层将柱内的引下线钢筋、垫层内的钢筋与接地

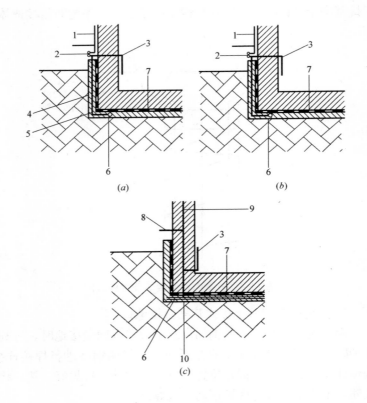

图 14-3 地基防水层外接地极连接安装

(a) 接地极位于沥青防水层下无钢筋的混凝土中；(b) 部分接地导体穿过土壤；

(c) 穿过沥青防水层将基础接地极与接地排连接

1—引下线；2—测试接头；3—与内部 LPS 相连的等电位联结导体；

4—无钢筋的混凝土；5—LPS 的连接导体；6—基础接地极；

7—沥青防水层；8—测试接头与钢筋的连接导体；

9—混凝土中的钢筋；10—穿过沥青防水层的防水套管

线相焊接。

4. 利用钢柱钢筋混凝土基础做接地体

仅有水平钢筋网的钢柱钢筋混凝土基础做接地装置时，每个钢筋混凝土基础中有一个地脚螺栓通过连接导体与水平钢筋网进行焊接连接，地脚螺栓与连接导体与水平钢筋网的搭接长度不应小于钢筋直径的 6 倍双面焊，并应在钢桩就位后将地脚螺栓及螺母和钢柱焊为一体。

有垂直和水平钢筋网的基础：垂直和水平钢筋网的连接，应将与地脚螺栓相连接一根垂直钢筋焊到水平钢筋网上，此垂直钢筋应采用直径不小于 $\phi12$ 的钢筋或圆钢。如果四根垂直主筋能接触到水平钢筋网时，将垂直的 4 根钢筋与水平钢筋宜采用焊接。焊接有困难时，可采用绑扎，绑扎连接应不少于钢筋直径的 20 倍，且接触应紧密牢固。

基础混凝土工程完成后应立即测试接地电阻。接地电阻达不到设计要求，应加人工接地，但应通过设计做补充设计。

5. 钢筋混凝土杯形基础预制柱做接地体

当仅有水平钢筋的杯形基础做接地体时，将连接导体（即连接基础内水平钢筋网与预制混凝土柱预埋连接板的钢筋或圆钢）引出位置是在杯口一角的附近，与预制混凝土柱上的预埋连接板位置相对应，连接导体与水平钢筋网采用焊接。连接导体与柱上预埋件连接也应焊接，立柱后，将连接导体与└ 63mm × 63mm×5mm 长 100mm 的柱内预埋连接板焊接后，将其与土壤接触的外露部分用 1：3 水泥砂浆保护，保护层厚度不小于 50mm。

当有垂直和水平钢筋网的杯型基础做接地体时，与连接导体相连接的垂直钢筋，应与水平钢筋相焊接。如不能焊接时，采用不小于 $\phi10$ 的钢筋或圆钢跨接焊。如果四根垂直主筋都能接触到水平钢筋网时，应将其绑扎连接。

连接导体外露部分应做水泥砂浆保护层，厚度 50mm。当杯形钢筋混凝土基础底下有桩基时，宜将每一根桩基的一根主筋同承台梁钢筋焊接。如不能直接焊接时，可用连接导体进行连接。

6. 接地装置在地面处与引下线的连接施工

接地装置在地面处与引下线的连接施工，如图 14-4 所示。

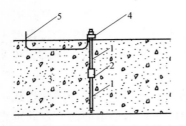

图 14-4　接地装置与接地线连接安装

1—可延伸的接地体；2—接地体接合器；
3—土壤；4—接地线与接地体连接的
夹具；5—接地线

14.1.4　后期处理

1. 防腐

接地装置安装完成后应进行防腐，除混凝土里面的接地装置，在土壤或砖墙内的焊接处以及镀锌层破坏的部位，一律应进行防腐，设计有要求的应按设计要求，设计无要求的刷两遍沥青漆或两遍防锈漆，刷漆前应清除焊渣，保证油漆附着力好。

2. 隐蔽检查

防腐工程完成后在回填土前应进行隐蔽前的检查，查看是否有达不到设计和质量验收要求的部位，并做好隐蔽验收，并将坐标尺寸绘制草图。

3. 回填土并分层夯实

隐蔽工程完成后应回填土，底层 300mm 回填土应将石子、杂物去掉，土质差应筛选，回填底层 300mm 应夯实，进行接地电阻测试：测试应每组接地装置单独测试，然后再连成一体进行系统测试；并填好测试记录，如达不到设计要求应通过设计采取措施；如满足要求可继续回填分层夯实。

14.2　避雷引下线和变配电室接地干线敷设

14.2.1　避雷引下线安装

1. 明装避雷引下线安装

（1）引下线支持卡子应按图纸制作并进行热浸镀锌。

（2）定位放线：用线坠找垂直线，在引下线两端定下支持卡子点，卡子距端部 0.3m 为宜，并将支架先打眼用水泥砂浆固定，固定时卡子正、侧面应一致，待牢固后挂线，将其他支持卡子均匀分布，间距在 1.5～2m。支持卡子最好在主体完成时安装，外墙完成时宜污染或破坏墙面。

（3）引下线敷设：在支架强度达到安装要求，外墙面装饰已结束，外墙架子没拆除时，应安装引下线，将调直的引下线，上端甩到与接闪器连接部位，从引下线上端开始用支持卡子逐一卡牢，引下线长度不足连接应采用电焊连接，连接应煨来回弯，保持引下线垂直。

（4）断接卡子安装：断接卡子一般距地 1.5～1.8m，一个单位工程高度应一致。

（5）防腐：在有焊接接头的位置和镀锌层破坏的位置应防腐：刷两遍防锈漆和两遍银粉漆。

2. 沿外墙暗敷设引下线

在主体工程结束后，按图纸要求定位放线，在主体施工时将暗装断接卡子箱按施工图位置留置洞口或将箱体安装在墙内。在装修前，将引下线，用 U 形卡钉或钩钉。将引下线固定在墙面上，也可采用膨胀螺栓或射钉枪射钉固钉，固定应平整牢固，接头处应采用电焊连接，焊后应刷两遍防锈漆。引下线采用圆钢直径不小于 10mm，采用扁钢不小于 20mm×4mm。

固定引下线上端应甩头至接闪器与接闪器连接应采用电焊焊接，也可采用 U 形卡子螺栓（钢丝绳元宝卡子）连接但不小于 2 个，下端入断接卡子箱。

引下线也可随土建进行敷设，下端与接地装置连接好或与断接卡子箱连接好，将引下线随主体工程进度埋设于建筑物内至屋顶甩足与接闪器连接的引下线导线。

3. 引下线均压环（带）暗敷设和连接

（1）沿结构层做引下线：利用混凝土结构的板、梁、柱钢筋做引下线和均压环（带），在板、梁、柱钢筋绑扎后，按施工图要求，对钢筋绑扎或焊接情况进行定位确认，将作引下线的均压环（带）的钢筋，可靠连接，做好记录检查，应满足设计要求。

（2）根据设计要求高层建筑为防侧击雷，需作均压环（带）的，应与作引下线的钢筋应可靠连接，一般 30m 以上均应每层设均压带，有设计应按设计要求，金属物与金属门窗应与均压环（带）或引下线可靠连接，应从均压环（带）或引下线，梁、柱的钢筋焊接圆钢或扁钢接至金属门窗，预留连接板与金属门窗相连，如图 14-5 所示。

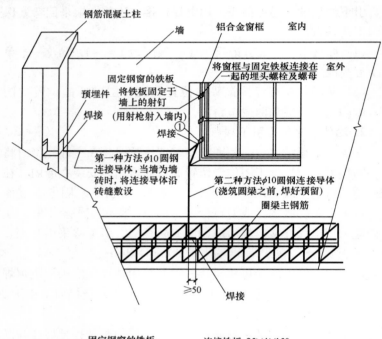

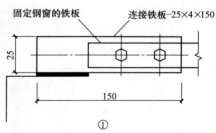

图 14-5　金属门窗与避雷连接做法

也可在避雷导体窗侧的一面焊接一扁钢连接板（25mm × 4mm × 500mm），在另一端钻一个 $\phi6$ 圆孔，用 $6mm^2$ 多股软铜导线，两头用端子压接并挂锡，一头接在接线板上，一头可接在金属门窗上。大于 $3m^2$ 的金属门窗，避雷导体连接不得小于 2 处。

（3）幕墙金属框架，应就近与避雷引下线连接，并应符合设计要求，但连接处不得小于 2 处。

4. 避雷引下线安装

引下线安装中应避免形成环路，引下线与接闪器连接的施工，如图 14-6～图 14-9 所示。

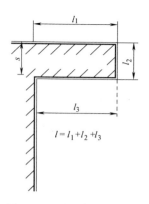

图 14-6 引下线安装中避免形成小环路的安装
s—隔距；l—计算隔距的长度

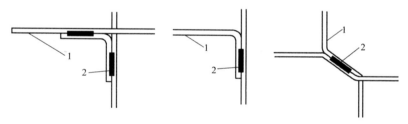

图 14-7 引下线（接闪导线）在弯曲处焊接要求
1—钢筋；2—焊接缝口

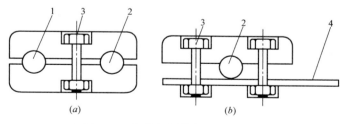

图 14-8 钢筋与导体间的卡接施工
1—钢筋；2—圆形导体；3—螺栓；4—带状导体

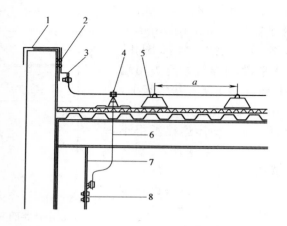

图 14-9　使用屋面自然金属构件作 LPS 施工

1—屋面女儿墙；2—接头；3—可弯曲的接头；4—T 形连接点；
5—接闪导体；6—穿过防水套管的引下线；7—钢筋梁；8—接头；
a—接闪带固定支架的间距，取 500～1000mm

14.2.2　接地干线安装

接地干线（即接地母线）从引下线断线卡至接地体和连接垂直接地体之间的连接线。接地干线一般使用－40mm×4mm 的镀锌扁钢制作。接地干线分为室内和室外连接两种。室外接地干线与支线一般敷设在沟内。室内的接地干线多为明敷，但部分设备连接支线需经过地面，也可以埋设在混凝土内。

1. 室外接地干线敷设

根据设计图纸要求进行定位放线，挖土。将接地干线进行调直、测位、打眼、撖弯，并将断接卡子及接线端子装好。然后将扁钢放入地沟内，扁钢应保持侧放，依次将扁钢在距接地体顶端大于 50mm 处与接地体用电焊焊接。焊接时应将扁钢拉直，将扁钢弯成弧形（或三角形）与接地钢管（或角钢）进行焊接。敷设完毕经隐蔽验收后，进行回填并压实。

2. 室内接地干线敷设

（1）室内接地线是供室内的电气设备接地使用，多数是明敷设，但也可以埋设在混凝土内。明敷设的接地线大多数敷设在墙壁上，或敷设在母线架和电缆的构架上。

（2）保护套管埋设：在配合土建墙体及地面施工时，在设计要求的位置上，预埋保护套管或预留出接地干线保护套管孔。护套管为方形套管，其规格应保证接地干线顺利穿入。

（3）接地支持件固定：按照设计要求的位置进行定位放线，固定支持件无设计要求时距地面 250～300mm 的高度处固定支持件。支持件的间距必须均匀，水平直线部分为 0.5～1.5m，垂直部分 1.5～3m，弯曲部分为 0.3～0.5m。固定支持件的方法有预埋固定钩或托板法、预留支架洞口后安装支架法、膨胀螺栓及射钉直接固定接地线法等。

（4）接地线的敷设：将接地扁钢事先调直、打眼、煨弯加工后，将扁钢沿墙吊起，在支持件一端将扁钢固定住，接地线距墙面间隙应为 10～15mm，过墙时穿过保护套管，钢制套管必须与接地线做电气连通，接地干线在连接处进行焊接，末端预留或连接应符合设计规定。接地干线还应与建筑结构中预留钢筋连接。

（5）接地干线经过建筑物的伸缩（或沉降）缝时，如采用焊接固定，应将接地干线在过伸缩（或沉降）缝的一段做成弧形，或用 ϕ12mm 圆钢弯出弧形与扁钢焊接，也可以在接地线断开处用 50mm^2 裸铜软绞线连接。

（6）为了连接临时接地线，在接地干线上需安装一些临时接地线柱（也称接地端子），临时接地线柱的安装，应根据接地干线的敷设形式不同采用不同的安装形式。常采用在接地干线上焊接镀锌螺栓做临时接地线柱法。

（7）明敷接地线的表面应涂以用 15～100mm 宽度相等的绿色和黄色相间的条纹。在每个接地导体的全部长度上或只在每个区间或每个可接触到的部位上宜作出标志。中性线宜涂淡蓝色标志，在接地线引向建筑物的入口处和在检修用临时接地点处，均应刷白色底漆并标以黑色接地标志。

（8）室内接地干线与室外接地干线的连接应使用螺栓连接以便检测，接地干线穿过套管或洞口应用沥青丝麻或建筑密封膏堵死。

（9）接地线与管道连接（等电位联结）：接地线和给水管、排水管及其他输送非可燃体或非爆炸气体的金属管道连接时，应在靠近建筑物的进口处焊接。若接地线与管道不能直接焊接时，应用卡箍连接，卡箍的内表面应搪锡。应将管道的连接表面刮拭干净，安装完毕后涂沥青。管道上的水表、法兰阀门等处应用裸露铜线将其跨接。

3. 接地线与电气设备的连接

电气设备的外壳上一般都有专用接地螺钉。将接地线与接地螺钉的接触面擦净，至发出金属光泽，接地线端部挂锡，并涂上中性凡士林油，然后接入螺钉并将螺帽拧紧。在有振动的地方，所有接地螺钉都必须加垫弹簧垫圈。接地线如为扁钢，其孔眼必须用机械钻孔，不得用气焊开孔。

电气设备如装在金属结构上面有可靠的金属接触时，接地线或接零线可直接焊在金属结构上。

14.3 接闪器安装

14.3.1 独立避雷针制作安装

独立避雷针应根据设计要求制作安装，目前采用的有钢结构独立避雷针和钢筋混凝土环形杆独立避雷针。

1. 钢结构独立避雷针

（1）定位放线做基础：按图纸要求定位放线，挖槽做基础，基础应按设计要求，挖槽应放坡，避免塌方，基础一般采用不低于 C15 混凝土做钢结构避雷针基础，在浇筑混凝土的时候，安装人员应放样将预埋件或螺栓做好。

（2）避雷针根据设计要求，采用角钢或圆钢制作，规格按设计定，一般按高度分段下料，每节高度宜控制在 5m；顶部一节可控制在 3.5m；针一般为 1.5m 左右，采用圆钢 $\phi 18 \sim 22$ 制作，端部应加工成尖状，具体尺寸由设计定；下料时应放样或通过计算，以免浪费；下料后一般采用焊接拼装，焊接时应先点焊，调直后再满焊；每节拼装完成后应进行防腐处理，有条件的可进行热浸镀锌，无条件的可刷 2 层防锈漆。

（3）组装前每节应检查是否调正调直，经检查无误，连接处也满足要求，可进行组装，连接有采用焊接或螺栓连接，具体做法设计定，如采用焊接镀锌层或底漆破坏应补刷。

（4）组装 20m 以下独立避雷针，可组装后用吊车一次吊装完成，超过 20m 应由专业吊装起重工进行拼接吊装，吊装前应在针的连接处四面用方木或圆木绑扎在针上，以增加强度，避免弯曲变形。

（5）组装完成后应采用经纬仪进行校正，校正后固定牢固，刷面漆两遍。

2. 钢筋混凝土环形杆独立避雷针

（1）定位放线作基础：按设计要求定位放线，挖槽作基础，基础应按设计要求，挖槽应注意放坡，避免塌方，地槽挖好后，应用 C10 细石混凝土作 100mm 的垫层找平；将预制混凝土槽型基础（底盘）厚度在 200mm。平放入找平层上，大小由设计定。

（2）避雷针管制作：一般采用钢管制作（$\phi 33.5 \times 325$mm）顶端应制成锐角，可采用抽条法，然后打成尖状焊接而成，高度不足根据实际情况可接一段大型号钢管焊接连接，并做好底盘与环形杆连接针和管应经热浸镀锌，焊接处可刷两遍防锈漆、两遍面漆。

（3）环形杆的制作：应由设计给环形杆加工单位，提供加工图，并提出要求，一般在杆的顶部应有钢环；环形杆主筋（$\phi 12$圆钢）应有不小于两根与钢环连接，并与下部 $2.5 \sim 3$m 处接地螺栓（M16）相连接，以备与接地装置连接。

（4）避雷针管与环形杆连接可采用焊接，将针管底盘与环形杆顶部钢环连接，连接时先应四面点焊然后对称焊，而后满焊，以防止弯曲变形。

（5）环形杆避雷针吊装一般采用汽车吊，吊装四面应拴大绳待吊装调整后，将大绳封死，基坑浇灌混凝土待混凝土强度达到70%强度后大绳可撤掉；基坑周围土如有松动，应回填时分层夯实。

3. 利用混凝土电杆作独立式避雷针

采用混凝土电杆作独立式避雷针，可节约资金并缩短工期，针的做法可采用钢管或圆钢，针的高度一般在4m以内，针的固定可采用U形抱箍固定角钢横担，将避雷针固定在横担上，一般不小于两道，将引下线焊在避雷针下端，引下线不小于$\phi8$热浸镀锌圆钢，而后沿电杆用8号铅丝垂直绑扎在电杆上，在距地1.8～2m处设断接卡与接地装置连接。

14.3.2 建（构）筑物避雷针制作安装

建（构）筑物避雷针一般安装在屋面或墙上，按设计施工。

1. 避雷针制作

避雷针一般用圆钢或钢管制作，针长在1m以下时，圆钢为$\phi12$，钢管为$DN20$。针长在$1～2m$时，圆钢为$\phi16$，钢管为$DN25$。其他型号避雷针按设计要求制作，针的端部应为尖状，制作完成后应进行热浸镀锌。

2. 墙上避雷针制作安装

一般应安装在混凝土结构上，如梁、柱、墙上；在混凝土结构上预埋铁件，将支架焊在铁件上，针总高不超过7m，将避雷针用U形螺栓卡固在支架上；如在砖墙上安装，可预留洞口或打眼安装支架，支架应用细石混凝土捣牢；不得将避雷针安装在轻质砖墙上，否则应预留混凝土块将支架浇注在混凝土块里；组砌砖墙时，按设计位置砌筑在墙内。

当针高超过7m时，不宜在砖墙上安装，可在混凝土结构上安装，安装应在浇灌混凝土前，钢筋绑扎完成时预埋铁件，安装可配合土建进行，也可将资料提供给土建，由土建施工。

3. 屋面避雷针制作安装

屋面避雷针安装应将避雷针支座设在墙上或梁上，如放在板上应校验板的荷载是否满足避雷针的要求。

避雷针安装前，应在屋面施工时配合土建浇灌好混凝土支座预留好地脚螺栓，地脚螺栓最少有2根与屋面、墙体或梁内钢筋焊接。待混凝土强度达到要求后，再安装避雷针，连接引下线。混凝土支座也可将资料提供给土建施工，因支座应与屋面板同时施工。

安装避雷针时，先组装避雷针，在底座板相应位置上焊一块肋板将避雷针立起，找直、找正后进行点焊，然后加以校正，焊上其他三块肋板。避雷针安装要牢固，如图14-10所示。焊接引下线，与设计的其他避雷针、避雷网焊接成一个电气通路。

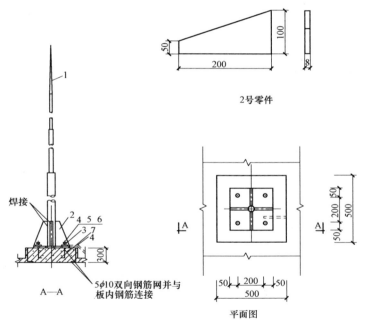

图 14-10　避雷针在屋面上安装

1—避雷针；2—肋板；3—底板；4—底脚螺钉；5—螺母；6—垫圈；7—引下线

14.3.3 避雷带安装

1. 明装避雷带安装

（1）明装避雷带的材料：一般为 $\phi10$ 的镀锌圆钢或 $-25mm\times4mm$ 的镀锌扁钢，支架一般用镀锌扁钢 $-20mm\times 3mm$ 或 $-25mm\times4mm$ 和镀锌圆钢制成，支架的形式根据现场情况采用各种形式。

（2）避雷带沿屋面安装时，一般沿混凝土支座固定，支座距转弯点中点 0.25m，直线部分支座间距 1~1.5m，必须布置均匀，避雷带距屋面的边缘距离不大于 500mm，在避雷带转角中心严禁设支座。

（3）女儿墙和天沟上支架安装：尽量随结构施工预埋支架，支架距转弯中点 0.25m，直线部分支架水平间距 1~1.5m，垂直间距 1.5~2m，且支架间距均匀分布，支架的支起高度 100mm。

（4）屋脊和檐口上支座、支架安装：可使用混凝土支墩或支架固定。使用支墩固定避雷带时，配合土建施工。现场浇制支座，浇制时，先将脊瓦敲去一角，使支座与瓦内的砂浆连成一体。如使用支架固定避雷带时，用电钻将脊瓦钻孔，再将支架插入孔内，用水泥砂浆填塞牢固。支架的间距同上。

（5）避雷带沿坡形屋面敷设时，应使用混凝土支墩固定，且支墩与屋面垂直。

（6）避雷带安装：将避雷带调直，用大绳提升到屋面，顺直敷设固定在支架上，焊接连成一体，再与引下线焊好。建筑物屋顶有金属旗杆，透气管，金属天沟，铁栏杆、爬梯、冷却塔、水箱、电视天线等金属导体都必须与避雷带焊接成一体，顶层的烟囱应做避雷针。在建筑物的变形缝处应做防雷跨越处理。

避雷带通过建筑物伸缩沉降缝时，将避雷带向侧面或下面弯成半径为 100mm 的弧形，且支持卡的中心距建筑物边缘距离减少至 400mm，两端应采用焊接做法，如图 14-11 所示。

女儿墙上金属盖罩做自然接闪器时的跨接施工，如图 14-12 所示。

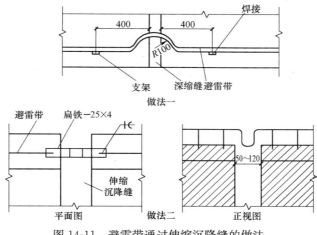

图 14-11 避雷带通过伸缩沉降缝的做法

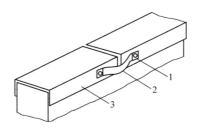

图 14-12 女儿墙上金属盖罩做自然接闪器时的跨接施工

1—耐腐蚀的接头；2—可弯曲导体；3—女儿墙上金属盖罩

2. 暗装避雷带

避雷带暗装，常沿屋面或女儿墙、挑檐等暗敷，此时应在土建做女儿墙压顶，如图 14-13 所示。防水屋面保温层施工或刚性防水屋面浇筑混凝土前敷设，要求避雷带位置正确，焊接长度合格，与引下线和突出物面的金属体焊接，卡接可靠。

利用钢筋混凝土结构建筑外墙柱内钢筋引下的外部防雷装置的施工，如图 14-14 所示。

用建筑物 V 形折板内钢筋作避雷带，折板插筋与吊环和钢筋绑扎，通长筋应和插筋、吊环绑扎，折板接头部位的通长筋在端部预

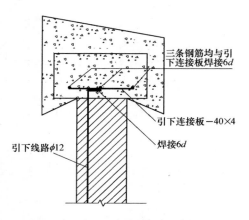

图 14-13　利用女儿墙的钢筋混凝土压顶
内部钢筋作避雷带做法

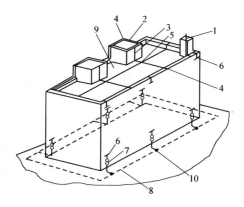

图 14-14　利用钢筋混凝土结构建筑外墙柱内钢
筋引下的外部防雷装置的施工

1—接闪杆（避雷针）；2—水平接闪导体；3—引下线；4—T形接头；
5—十字形接头；6—与钢筋的连接；7—测试接头；8—B型接地装置，
环形接地体；9—有屋顶装置的平屋面；10—耐腐蚀的T形连接点

留钢筋 100mm 长，便于与引下线连接。等高多跨搭接处通长筋与通
长筋应绑扎，不等高多跨交接处，通长筋之间应用 $\phi 8$ 圆钢连接
焊牢，绑扎或连接的间距为 6m。做法如图 14-15 所示。

坡屋面接闪器与引下线的安装施工，如图 14-16 所示。

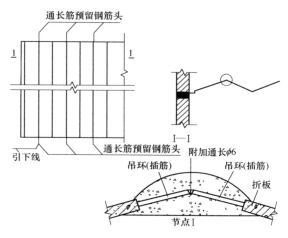

图 14-15　V 形折板钢筋作防雷保护示意图

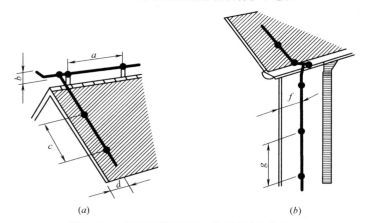

图 14-16　坡屋面接闪器与引下线的安装施工
(a) 坡屋顶屋脊上接闪器及屋顶引下线安装；
(b) 与屋檐排水沟连接的引下线安装
a—水平接闪导线支架的距离，取 500～1000mm；b—水平接闪导线的
翘起高度，取 100mm；c—坡面接闪导线支架的距离，
取 500～1000mm；d—接闪器与屋面边沿的距离，尽可能靠
近屋面边沿；f—引下线与建筑物转角处的距离，取 300mm；
g—引下线支架距离，取 1000mm

参 考 文 献

[1] 建筑施工手册（第五版）编写组．建筑施工手册（第五版）．北京：中国建筑工业出版社，2011．

[2] 建筑施工手册（第四版）编写组．建筑施工手册（第四版）．北京：中国建筑工业出版社，2003．

[3] 建设部人事教育司组织编写．工程电气设备安装调试工（技师、高级技师）．北京：中国建筑工业出版社，2005．

[4] 住房和城乡建设部工程质量安全监管司．建筑施工特种作业人员安全技术考核培训教材：建筑电工．北京：中国建筑工业出版社，2009．

[5] 建设部人事教育司．土木建筑职业技能岗位培训教材：建筑电工．北京：中国建筑工业出版社，2002．

[6] 李树海主编．北京市特种工作业安全技术培训教材（电工）（高压运行维修）．北京：北京市工伤及职业危害预防中心出版，2001．

[7] 唐海主编．建筑电气设计与施工．北京：中国建筑工业出版社，2000．

[8] 刘劲辉，刘劲松主编．建筑电气分项工程施工工艺标准手册．北京：中国建筑工业出版社，2003．

[9] 邱关源主编．电路（上下）．北京：高等教育出版社，2002．

[10] 戴瑜兴，黄铁兵，梁志超主编．民用建筑电气设计手册（第二版）．北京：中国建筑工业出版社，2007．

[11] 白玉岷主编．电气工程安装及调试技术手册，北京：机械工业出版社，2009．

[12] 刘清汗，林虔，丁毓山主编．电能表修校及装表接电工（第三版）．北京：中国水利水电出版社，2003．

[13] 韩崇，吴安官，韩志军编．架空输电线路施工实用手册，北京：中国电力出版社，2008．

[14] 张元培．电梯与自动扶梯的安装维修 [M]．北京：中国电力出版社，2006．